视觉元素在现代软装设计中的应用

冯媛◎著

中国纺织出版社有限公司

图书在版编目（CIP）数据

视觉元素在现代软装设计中的应用／冯媛著．--北
京：中国纺织出版社有限公司，2022.7
ISBN 978-7-5180-7511-9

Ⅰ.①视⋯　Ⅱ.①冯⋯　Ⅲ.①室内装饰设计—研究
Ⅳ.①TU238.2

中国版本图书馆CIP数据核字（2020）第102860号

责任编辑：武洋洋　　责任校对：高　涵　　责任印制：储志伟

中国纺织出版社有限公司出版发行
地址：北京市朝阳区百子湾东里A407号楼　邮政编码：100124
销售电话：010—67004422　传真：010—87155801
http://www.c-textilep.com
中国纺织出版社天猫旗舰店
官方微博 http://weibo.com/2119887771
三河市宏盛印务有限公司印刷　各地新华书店经销
2022年7月第1版第1次印刷
开本：710×1000　1/16　印张：15.25
字数：270千字　定价：68.00元

前　言

　　软装是指在硬装完成以后，利用家具、灯饰、挂件、摆件、布艺等饰品元素对家庭住宅或商业空间进行陈设与布置。作为可移动的装修，更能体现居住者的品位，是营造空间氛围的点睛之笔。

　　在国外，并没有纯软装这一概念，因为室内设计的后期工作，大多由室内设计师一并完成，但在国内，室内设计行业起步较晚，其重心多停留在建筑与空间结构上。业主尤其是高端业主对室内环境的软装需求，需要有特定的设计师资源为其服务，这就衍生出了软装设计。随着中国室内设计整体发展进度的加速推进，软装设计与室内空间设计的距离必然会像欧美国家一样渐渐拉近，并最终合为一体。很多原先做硬装的设计师转行做软装设计也是顺势而为。

　　想要成为一名合格的软装设计师，除了具备专业知识和自身素养之外，最快捷的方法莫过于理解并学习一些国内外经典软装案例所表达的设计主题，然后将这些作品所运用的技法牢记在心，结合自身日常工作加以运用。对于大多数并不具备天赋的设计师来说，模仿的过程就是学习的过程，没有一个脚踏实地、虚心模仿的过程就不会有举一反三、融会贯通的那一天。

　　为此，专门撰写了《视觉元素在现代软装设计中的应用》，为视觉元素在现代软装设计中的应用提供理论与实践的双重指导。

　　本书共分七章，第一章主要对现代软装设计进行大致阐述，主要包括软装设计的概念、软装设计的作用、软装设计的原则；

第二章重点探讨了现代软装设计中视觉元素的构成，主要包括视觉元素的概述、色彩元素的魅力加持、图形元素的合理搭配、材质肌理元素的不同感觉、视觉元素常用的陈列手法；第三章对现代软装设计的风格与常见元素予以详细的讨论，包括欧式风格设计与元素、美式风格设计与元素、亚洲风格设计与元素；第四章大致介绍了现代软装设计的色彩应用与灯具设置，内容包括室内装饰的色彩搭配、空间细节调整的配色要点、灯光的照明设计与灯具选择；第五章侧重讨论了现代软装设计的家具及布艺搭配，内容包括家具的发展简史与不同空间搭配以及布艺面料、地毯、床品的搭配；第六章重点研究了现代软装设计的其他元素，内容包括室内绿化、花艺的设计以及挂画、壁纸等的装饰品设计；第七章作为本书的最后一章，具体探讨了现代软装设计的发展趋势与流行元素的特征、中国传统纹样在现代软装设计中的运用。

从大体上来讲，本书内容翔实，逻辑清晰，具有较高的可读性与学术价值，同时结合当今社会的一些实例，以激发读者的阅读兴趣，增强读者对现代软装设计的全面认识与理解。

本书是在参考大量文献的基础上，结合作者多年的教学与研究经验撰写而成的。在本书的撰写过程中，作者得到了许多专家学者的帮助，在这里深表感谢。另外，由于作者的水平有限，书中难免存在不足，恳请广大读者指正。

作者
2022 年 3 月

目　录

第一章　现代软装设计的概述

第一节　软装设计的概念

　　真正完整的室内设计由两部分组成：硬装设计和软装设计。在室内设计中，室内建筑设计可以称为硬装设计，室内的陈设艺术设计可以称为软装设计。硬装是一种空间结构规划设计，从建筑本身延伸到室内，可以大概理解为室内所有不能移动的装饰设计；软装可以看作是所有室内陈设的可以移动的装饰物，包括家具、花艺、装饰画、陶艺、摆饰、挂件、灯具、布艺等。

　　在划分结构、安排布置、铺设基础后，可以进行软装。如果把硬装比作一个房间的主体，那么软装就是它的精髓和灵魂。

　　近年来，"软装"一词已成为业内的一种说法。事实上，称为家居陈设应该更准确。家居陈设是指在特定的空间中，对家居软装饰、家具陈设、家居配饰系列元素通过专业的手法来设计，最终达到设想的空间意境。

　　从空间环境的视角来看，软装可分为两类：公共空间内的陈设和住宅空间内的陈设。从软装的功能性分类又可分为实用和观赏两个类别。观赏性软装是指主要用于装饰目的的摆设，如装饰品、装饰画、花卉艺术等；实用性软装指的是功能性较强的物品，如布艺、沙发、灯具等。

第二节　软装设计的作用

一、表现室内风格

从元素和文化渊源的不同，室内环境的风格大体可以分为欧式风格、乡村风格、中式风格、现代简约风格、新古典风格和乡村风格几类，前期的硬装饰固然重要，但若是后期的软装饰没跟上，整体陈设也会大打折扣。软装材料的造型、图案、纹理和颜色的风格特征，都加强了室内环境风格的表现力（图1-2-1~图1-2-3）。

图 1-2-1　中式风格软装布置

图 1-2-2　现代简约风格软装布置

图 1-2-3　欧式风格软装布置

二、调节室内色彩

在家居环境中，软装饰占有很大的面积。在众多空间中，家具占总面积的40%以上。窗帘、床罩、装饰画等其他配饰的颜色对整个房间的色彩形成也起着重要作用（图1-2-4）。

图1-2-4　利用布艺给素白空间增彩

三、营造环境氛围

软装设计在室内环境中有不可替代的地位，具有强烈的视觉感受，在渲染空间环境的氛围中发挥着巨大的作用。不同的软件设计可以创造不同的室内环境，如欢乐温馨的气氛、庄严的气氛、友好和轻松的气氛、优雅清新的文化艺术氛围，给人留下不同的印象。

四、节省装饰费用

许多家庭在装修时总是喜欢花大力气，有打破墙壁的，有移动墙壁的，这既费力气同时又容易造成安全隐患。此外，房间的装饰难以保持其价值。随着时间的推移，它只会贬值、落后以致被淘汰。保持几十年的装饰不去更改，它只能降低生活质量和居住质量。如果能很好地利用家居设计中的软性配件，而不仅仅是注重装饰，不仅可以花很少的钱获得显著的效果，还可以减少未来家居设计过时所造成的影响。

五、轻松变换空间

软装的另一个特点是让家居环境保持最新，随意改变家居风格，随时拥有新的家居风格。例如，可以根据心情和四季的变化随时调整家居布艺。夏天，给房子装上浅色和绿色的冷色调窗帘，放一张清爽的床，淡雅的沙发套，房子立刻显得凉爽；冬天，在家里铺上暖色的家居布艺，放一些彩色的垫子或皮草，感觉温暖而又温馨。或者巧妙利用其他易于更新的元素进行装饰，跟随自己的心情随时创造一个独特的风格空间（图1-2-5）。

图1-2-5　同样的硬装基础，通过变换不一样的软装饰品
后，表现出截然不同的装饰风格

第三节　软装设计的原则

一、软装设计的基本原则

(一) 确定风格

在软装设计时，首先要有一个家具的整体风格印象，然后用装饰品来装饰。因为风格是一个基调，房子就像文章，软装就是表现技巧，一些人喜欢隐喻，另一些人喜欢夸张，虽然有差异，但它们各有优势。

(二) 前期规划

很多人都会选择在前期的基础装修完成之后，再酌情考虑之后的配饰问题，实际上这样并不明智。我们应当尽快开始规划软装部分。在规划新家的初始阶段，必须首先列出个人的喜好、收藏、习惯等，并与设计人员沟通，以便他们能够满足自己的风格需求，同时考虑空间功能的定位和使用习惯。

(三) 明确重点

设计的重点可以让人掌握方向和顺序。这个焦点是人们一进家门就会关注的亮点。这应该是大胆和明显的。比如，选择一个大窗户或壁炉、大型艺术等，从那里开始规划，让空间看起来像一个周到的安排，让人感觉有组织、和谐的氛围。当然，可能不止一点。只要觉得舒服，就可以接受（图 1-3-1）。

图 1-3-1　以壁炉作为重点展开整个客厅空间的软装设计方案

(四) 合理比例

在软装搭配中最完美的比例是数学中的黄金分割。倘若没有特殊的偏好，大胆地用 1 : 0.618 的标准比例来规划居住空间。例如，不要把花瓶放在窗台的中央。将其放置在左侧或右侧，将使视觉效果更加活跃。但是，整个软装饰布局最好不要采用相同的比例，否则会显得过于僵硬。

(五) 细节变化

软装的布局应遵循统一性和多样性并存的原则，根据颜色、大小和位置与家居构成一个整体。家具应该有统一风格，然后通过大大小小的装饰品等细节进而提高生活环境的格调。例如，有助于食欲的橙色可以成为餐厅的主色，绿色装饰画可以挂在墙上，作为整体颜色的变化（图 1-3-2）。

图 1-3-2　中性色调的客厅中增加两个橙色抱枕制造变化

(六) 对比运用

在家居装修中，随处可见对比手法的运用。通过光线对比、色彩对比、质感对比、传统与现代的对比，可以使家居风格产生更多层次和风格，从而演绎出各种不同节奏的生活风格（图 1-3-3）。

图 1-3-3　利用色彩对比制造视觉冲突是软装设计的一种常见手法

（七）把握节奏

抓住韵律和节奏是通过区分质量大小、长度的变化、空间虚实的变化、灵活性、部件排列的密度、刚性和线性来获得的。尽管软件设计中可以使用不同的韵律和节奏，但在同一个房间里禁止使用两种以上的节奏，否则可能会让人感到不安和困惑。

（八）轻重结合

稳定而轻盈的设计在许多地方都适用。稳定是整体上的，轻盈是细节上的。沉重的软装设计会有压抑感，空间过于轻盈又会让人感到轻浮。因此，在软装饰设计中，应注意光与浅色的搭配，合理协调家具与配件的尺寸分布和形状大小，改善整体布局。

二、软装设计的基本观点

如下介绍一下关于现代室内环境设计的一些基本观点。

（一）功能与形式

室内环境的功能包括物质和精神两大功能。

物质功能主要是指满足使用和应用的要求。它反映了人们在实际和空间环境中对各种用途的要求，如舒适、方便、安全、经济和健康等，也可以被理解为是建筑空间的基本或最低要求。室内空间的形状、大小和整体布局、家具的易用性、环保装饰材料、合理顺畅的交通、疏散设施的布置、防火和安全的安排以及具有良好采光、合理照明、气流顺畅和隔音的舒适物理环境，都是室内环境中必须要通过设计来实现的物质功能。上述项目与工程的科学性密切相关。它应该利用现代科学技术的进步，最大限度地满足人们对各种物质的生活需求，改善室内物质环境的舒适性和效能。也可以说，这主要满足了人们对室内环境的生理需求。随着经济的快速发展和物质市场的繁荣，人们对室内环境中物质功能的需求将会更多、更高，物质功能的人性化和复杂性将是现代室内设计发展的另一个重要趋势。

精神功能是在满足物质功能需求的基础上，满足精神层面的需求，如心理、情感和个性需求等。精神需求更加复杂和因人而异，如安全、个人偏好、审美兴趣、民族文化、时尚心理、文化身份、欲望、地域文化、历史语境的象征、个性风格的表达等，都是设计中不可忽视的精神因素。只有对这些精神原因进行更深入、更细致的研究，我们才能在空间形式和造型语言的处理上表现出色，创造出一种具有强烈情感诉求的艺术氛围，让人们获得精神上的愉悦和美感，这是室内设计的出发点和落脚点。

室内环境的形式是空间构成的一种。空间的比例和尺度是构成空间形态的重要因素，不同比例和尺度的空间形态所带来的心理感受是不一样的。例如，相对于人体来说，不是很强的空间尺度给人一种亲密感，而很强的空间尺度使人感到渺小和无足轻重；等量比例关系的球体、正方体，没有方向感，给人一种庄严而圆满的感觉，不等量比例的椭圆体、长方体，有了方向感，给人一种动感和轻松感。

任何空间形式都是由点、线、面、体这些基本要素构成的，利用基本构成要素的组合变化得到丰富多变的空间形式。因此，室内空间形式主要取决于界面形状及其构成方式。

现代风格的室内空间形式构成是基于一个开放的平面，通过新的技术材料加工成薄的、轻的、弯曲的、折叠的和可移动的墙来分隔室内空间，满足现代室内空间可分割和灵活的要求，同时使用诸如移位、盘绕、重叠、交错、切割、突出、扭曲、旋转、分裂等设计技术，让空间的构成通过一个抽象的几何图形来表现自己，传达出耐人寻味的感觉。

功能和形式是一对相互补充、因果和辩证的统一体。传统设计理念认为功能引导形式，形式符合功能。只有充分研究家庭对内部环境的物质和精神功能的要求，才能设计出功能完善的内部空间形式。事实上，这只是它们之间关系的一个部分。当代设计的理念认为，人类生活中有许多潜在的需求，形式创新有利于探索这些潜在的需求，创造出内部空间的新功能。因此，需要不断探索和研究新的形式，以满足内部环境中物质和精神功能的不断发展，这也是功能和形式设计发展的总趋势。

（二）艺术性

现代室内设计艺术是指室内设计作品有良好的艺术品位和审美功能，让大众有美的享受。当我们暂时抛开设计作品的物质功能，只关注其外在表现形式时，它的审美功能就凸显出来了，成为一种审美对象。

人们通常"根据美的规律"来评价设计作品的艺术本质，即它是否符合形式美的简单规则，如对比、比例、尺度、平衡、对称、重复、节奏、韵律等，但这只是物品艺术性的一方面。对于室内设计作品，我们不应片面地将设计作品的审美功能和审美价值视为简单的装饰或一些附加的形式因素。应从设计作品的内在精神和外在表现两个方面进行综合评价，具体来说，内在环境的艺术本质是通过外在的艺术表现来震撼人的心灵，激发人的情感，并通过客观的物质形式来反映深层的精神内涵。高度和谐统一的深刻内涵和完美形式可以构成高度艺术化和持久感染力的作品。

艺术原则要求设计者理解设计作品的审美标准，密切关注美学原则在设计中的运用，注重挖掘设计作品的内在艺术价值，从而设计出公众喜欢的、富有艺术生命力的室内作品。

（三）科学性

科学技术在促进人类社会发展和进步方面发挥着重要作用。作为人类生活重要组成部分的内部环境的发展和改善也受到技术进步的影响和积极推动。由于技术进步，人们的内部环境因更多的物质功能而更加丰富，并创造了更好的居住条件。

同时，我们应该看到科技给人类社会带来的变化，不仅仅是物质形态的变化，其实有更高的精神形态方面的意义，卡普拉在《转折点——科学社会和正在兴起的文化》一书中称，科技是一个新的文化转折点，这种变化体现在室内设计领域中则是设计理念和设计风格的变化。纵观现代室内设计的发展，每一种新的创新设计风格的兴起都与社会生产力的发展水平密切相关，而生产力水平又与当时的社会科技水平密切相关。科学技术的进步会在一定程度上影响人们的价值观和审美观的变化，为了适应这种变化，室内设计必须体现科学技术的进步和时代精神。

室内设计的科学原则要求设计师树立科学的设计理念，制定科学的设计方法、设计程序和表达方式，注重并积极利用当代科学技术的成果，包括新施工工艺、新结构、新材料和设施及设备，以创造满足人们物质和生理需求的高质量的居住环境。

然而，强调设计的科学性并不意味着忽视设计艺术。应该说，设计的科学性和艺术性是同一事物的两个方面，两者相互作用，缺一不可，科学的探索与艺术的创造相结合，共同提高内部环境的质量。难怪福楼拜曾经说过："越往前走，艺术就越需要科学，科学也越需要艺术；二者分开进入塔内，在塔顶相遇。"因此，在设计中通过科学服务于艺术，通过艺术融入科学，即通过设计，在当代室内环境中实现科学与艺术、高科技与情感、物质因素与精神因素的完美融合。

（四）地域历史文脉

室内设计的地域观点是指室内设计的风格和表现形式应根据所处地域

的不同而具有不同的地方风格、乡土风味和民族特点。中国是一个幅员辽阔、民族众多的国家，每个地区的物理环境和民土风情各不相同。因此，切不可盲目追求设计风格和设计手法的高度一致，而应在保证设计理念"大同"的基础上，通过细节和装饰符号的"小异"来保留设计的地域特征和民族特征，主要是设计时吸收本地的、民族的、民俗的风格以及本地区历史所遗留的种种文化痕迹。

地域观念在现代得到了广泛的关注，各个地域的设计文化创意早已成为设计大师们极力推崇的设计观点和设计原则。同时，在设计中实现地域文化有以下途径：复兴传统风格设计。这种方法也被称为振兴地方风格，或者振兴民俗风格。保持传统地方建筑的基本建设和造型，强化特色，突出文化特点，充分体现民族个性、民族特色、地域特色、风俗习惯和文化素养内涵。

历史文脉的观点也是当代室内设计的一个重要方向，认为室内设计必须尊重历史，考虑历史和文化的延续和发展。这里提到的历史背景并不是特指历史符号或形式，而是广义的设计平面布局、规划思想和空间组织特征，甚至是设计中的哲学理念和观点。因此，历史背景的视角应该更多地反映在室内设计的内部精神和文化形式中，而非只关注外在形式。它的介入通过空间设计、色彩设计、室内概念设计、布局设计、材料设计、照明设计、家具设计和家具设计产生一定的文化内涵，实现一定的寓意性、隐喻性和叙事性。在上面的方法中，陈设的设计是最有感染力和表现力的。例如，在墙壁上挂各种绘画艺术、壁挂、照片等。还可以将各种手工艺品摆放在家具上。

中国在人居环境方面有着悠久的历史和深厚的文化传统，这是我们当前室内设计的宝贵资源。在设计中探索历史，取其精华去其糟粕，把东方文明古国独特的居住环境设计理念赋予完整的文化背景，创造一个健康、活跃、有文化底蕴的居住环境。

目前，地域和历史文脉的视角在我国尚未得到足够的重视，也可以被视为中国正在经历许多国家和民族所经历的传统文化和民族特征的必要步骤，从忽视和消除到重新理解认同。在这条道路上必然存在许多困难和挑战，等待着我们当代和未来的室内设计师去克服、超越。

（五）可持续发展的设计观点

可持续发展概念的提出无疑给地球带来了希望，由于人口密度的迅速增加，土地变得越来越小，资源越来越稀缺，这一战略十分有必要。作为维持人类生命、生存和发展的长期战略之一，它为遏制环境恶化、维护生态平衡提供了宏观理论指导，同时也对当代和未来空间环境的设计提出了新的要求。因此，如何在建筑和室内设计中贯彻可持续发展的原则，成为当前和未来设计者非常迫切的任务。1993 年第 18 届世界建筑师大会呼吁世界各地的建筑师将环境和社会可持续性纳入专业实践和责任的核心；1999 年的第 20 届世界建筑师大会也强调，可持续发展的道路是用新的理念对待 21 世纪建筑的发展。这也将为建筑和室内设计带来新的动力。因此，作为一名当代室内设计师，我们必须承担起责任，促进社会朝着更加文明和进步的方向发展。

在实践中，有如下四种途径可以实现可持续的设计目标。

1. 更新设计观念、建立现代环境意识

首先，设计必须渗透生态思维，选择环保的装饰材料。充分利用建筑的朝向和大面积窗户引入自然光，保持空气流通，减少微生物滋生的机会，创造健康自然的室内空间；通过使用合适的材料，有效地隔离噪声，减少噪声污染造成的损害；充分利用建筑本身和通过窗户传热创造一个接近自然的内部环境；选择天然和环保的装饰材料，如玻璃或易挥发的有害成分的装饰材料；室内空间中多用绿色植物装饰，净化空气，增加自然氛围，使室内环境最大化，满足人们生活和工作的需要。

2. 确立科学、实用、节约的设计原则

设计时考虑资源的数量和分布，以满足后代的需求。根据资源和能源系统的更新能力，严格控制资源和能源的使用；尽量使用可回收或部分可回收的材料和产品；通过开发、使用装饰部件和可回收家具减少装修废物；通过水的再循环装置和节水装置减少废水，节约水资源；减轻照明和各种电气设备的负荷，节约电能；选择适当大小的供暖、通风和空调系统，避免不必要的能源浪费；充分利用太阳能和风能等可再生能源。

3. 保护整体环境

在装修时，尽量减少有间接污染的环境影响，以维护家人和后代的共同利益。减少建筑材料和工艺对周围空气和水的污染；尽可能使用可生物降解的材料，以避免或减少建筑垃圾对环境的影响；尽可能多地使用当地材料，以减少运输对环境的影响。

4. 充实文化宝库

通过对原有建筑空间的更新、改造和再利用，实现了经济和历史文化

方面的可持续发展。旧建筑空间改造和再利用的主要方法有空间改造功能和对原有建筑空间的改造或扩展，如巴黎卢浮宫扩建工程和上海新世界改造工程就是这一理论应用的成功范例。这一理论在欧美等发达国家得到了政府和公众的广泛认可和支持，形成了一些正确的思想和方法，而中国还处于探索的初级阶段，需要更多的借鉴和实践。

在当代室内设计中，可持续发展的观点起到了重要的指导作用。民众广泛认可并采纳了资源节约和环境保护的理念，而从可持续发展的观点来看，在某一方面滋养了当代室内设计简约主义风格、绿色设计风格存在和发展的土壤。

5. 设计师在可持续发展设计中的使命

中国正处于经济转型的过渡期，民众意识与经济发展方式都在向可持续性发展方向靠拢，无疑，设计师的参与十分重要。

第一，设计师通过专业的设计方法将可持续性发展观念和构想运用在人们的日常生活当中，在环保、舒适、有趣的环境当中，让人们切身体会可持续发展的必要性。不仅如此，可持续性发展的主题设计也会加深大众对可持续发展的理解，加快接受度，进而更积极地参与到可持续发展方案的实施中。

第二，设计师的创新能力是可持续性健康发展的强大动力。设计师对现有物体的探索，与潜在事物的构想，激发了其他行业、领域的创新精神和活力，不仅符合可持续发展对新技术、新材料、新资源的要求，还推动了可持续发展的历史进程。

（六）室内环境设计中应注意的几个问题

1. 环境意识

加拿大建筑师阿瑟·埃利克森说过："环境意识就是一种现代意识。"环境意识是现代室内设计的一个重要特征，也是一个重要条件。随着现代人环境意识的觉醒，室内设计已经不再是简单的对形式与功能的探讨了，而有了更深层的社会意义。环境意识在室内设计中有以下两方面的表现。

一方面，现代室内设计要关注的是一个包括空间环境、视觉环境、空气质量环境、声光热等物理环境、心理环境等多方面的综合性室内环境，任何一个方面都不可忽视。现在很多设计者片面地重视视觉环境的设计，即主要从形式美的角度进行设计，认为通过简单的装潢或室内装饰来理解室内设计的概念和对室内环境的创造，导致了其他一些方面的不合理，使用者的综合感觉仍然是不好的。例如，处在一个空气不流通、闷热、噪声高的室内环境中，即使它的装饰再漂亮，相信也不会有人有好心情去欣赏了。对室内各种环境因素的综合考虑、合理设计是现代优秀室内设计的一个显著特点。基于这一思路，我们所要设计的是宜人的室内空间环境。

另一方面，现代室内设计要注重室内环境—室外环境—社会环境—自然环境的有机融合、协调发展，不能为追求室内环境的舒适而破坏其他环境，因为它们之间是相互制约、互为因果的关系，任何破坏环境的做法都将受到环境的惩罚。基于这一思路，我们所要设计的也是可持续发展的室内空间环境。

2. 整体设计观念

随着生活水平和审美趣味的提高，人们期望从"堆东西、堆材料"的室内空间中解脱出来，要求房间内各种物品之间存在统一的整体美。室内环境设计是整体布局艺术，是对空间、形式、色彩和现实关系的整体理解，对功能组合关系的统筹规划，对意境创造的一般理解以及对与周围环境协调关系的全面把握。

许多成功的室内设计都是遵循整体设计观念、艺术上强调整体统一的作品。

整体设计概念实质上是用全局性的眼光去设计，从系统整体出发统筹设计风格，将空间内的每个细节相互关联、相互影响，加深局部之间的联系，而非对立、分割地看待室内环境中的各个要素，如此，便可保证空间的协调性。

3. 个性化设计

当今世界物质的极大丰富，使得人们对室内环境的期望值显著增加，人们更加注重自身的发展以及在多样化室内空间中的自我选择，即更加注重室内设计满足自身定制需求的满足和个性化价值的体现。现代主义给社会留下了一个同一化的问题。同样的建筑，同样的房间，同样的室内设备，地球村的现象正在逐渐形成。讨厌趋同的当代人正在寻找一种定制的室内设计。为了实现个性化设计，需要在设计之前深入了解人们的不同定制需求，以大胆创新和开放思维的精神进行设计。这些设计的特点是对颜色、形状和图案的独特运用，以及对传统地理、民族和文化特征的再利用和创新，但请记住，定制设计从根本上来说是对理念和精神的创新，而不仅仅是形式上的简单差异。

第二章 现代软装设计中视觉元素的构成

第一节 视觉元素的概述

视觉构成元素是指视觉对象的基本单位，是视觉传达语言的文字和符号，是人类接受和传递信息的工具和媒介。视觉元素是体现在实际设计中的概念元素，由信息元素和形式元素构成。

在经济发展和科技进步的今天，由于人们物质生活和精神生活的需要，情感特征、价值标准、思维方式、生活意识产生了不同程度的演变，对社会文化更体现出多元化需求，这就导致了建筑与室内设计多元化的发展趋向。

室内界面指室内空间的墙面，各种隔断、地面和顶棚。它们各有分工，各自具有自己的功能和结构特点。

室内界面设计指对建筑所提供的室内空间进行处理，在建筑设计的基础上进行空间尺度、比例、材质、色调的把握和设计，满足人们各方面的需要，完成更新、更合理的室内空间的过程。多数时候，界面之间的边界是分明的，但有时也因某种功能或艺术的需要，界限不分明，甚至浑然一体。这是因为界面的艺术处理都是对形、色、光、质等造型因素的恰当运用。

在室内的空间处理上，因为趋向多元化的空间构成体系和多层次的空间组织方法，空间划分的中介要素已不再是过去室内中的简单分隔，而是更普遍地运用各种结构元素的延伸、包容、过渡、渗透等方法，造成多种复合空间的效果。在界面处理上，装饰、陈设、艺术品的形态、色彩及采光等室内环境要素的设计处理，就充分考虑了新的社会结构下人们的生活情趣、审美取向等诸多精神方面的需要，力图创造具有传统文化内涵与多元的现代文化完美结合的、具有不同文化价值和艺术性的多元室内空间环境。现代的建筑与室内设计就是要通过各种设计方法突破技术范畴来适应和进入人类的心理领域。

　　室内天、地、墙的设计也应该是艺术与科技的结合，是功能、形式和技术的相互协调。在空间与尺度、风格与流派以及室内灯光、绿化、色彩及材料等方面继续完善的基础上，更加具有生态性的科技性，设计和装修过程也更加制度化、系统化，新型材料和新型技术将得到更广泛应用。塑造一个合乎潮流又具有高层文化品质的生活环境将是 21 世纪室内设计的目标。

　　随着时代的不断发展，越来越多的高楼大厦的出现，让城市的建筑物像森林一样鳞次栉比，这些钢筋混凝土构成的空间由于其特有的封闭性，几乎隔绝了人与自然，这在一定程度上影响了人类身心的平衡状态。为了弥补这种失衡的状态，人们通过室内的调整，也就是室内空间进行设计，通过墙壁、家具以及装饰品的合理配置，进而创造出符合人们审美和情趣的舒适空间。

　　作为室内空间的塑造者，设计师必须对所要设计的空间内外特性有非常深入的了解。也就是说，设计师在进行室内软装设计的过程中，不仅要对内在特性了如指掌，同时也要参考外在特性。由于外在特性涉及的内容比较广泛，这里不做赘述，重点对内部环境进行阐述与分析。内在特性主要指的是设计风格和文化内涵，它们是我们能够直观体验到的设计元素，以静态或动态的形式在室内进行排布，并通过不同的造型艺术来对空间进行阐述，是人们内在精神的一种直观体现。

一、形态

　　"形态"是事物在一定条件下的表现形式，形态包括"形状"和"情态"两个方面。"形"客观存在，可测定、可识别，体现于物体的内外轮廓和表面起伏；"态"是依托于形而言的一种态势，例如我们目力所及的各种实体，由于功能、效用以及结构等方面的要求，进而形成具体的形，这种形一方面具有一定的实用性，另一方面也符合人们的审美和情感表达，传递出极为丰富的视觉效果及心理层面的相应感应；而依托于形的"态"，是一种更加抽象性和内在性的存在。"形"和"态"往往是相互依存，共同表达的"形"的不同，所表现出来的"态"自然也是不一样的。而在建筑设计中，要想充分表达轻巧活泼、高贵华丽、庄严肃穆以及清新高雅等态势，就要充分利用建筑元素不同的形。

　　通过抽象概括，我们知道，任何实物都是由点、线、面、体等基本元素组成，通过对这些基本元素进行合理运用，实物的造型可以千变万化。与此同时，形质对形体的表情效果影响也是不容忽视的。另外，室内空间中的点、线、面、体的特征也并非完全取决于绝对尺度，并非截然分开和固定不变，而是相对而言，包括观察的位置、它们自身的形状比例，与周围背景和物体的对比关系，以及它们在造型中所起的作用等诸多因素都会使其发生改变。另外，虽然几何形这种构造规则、有序的形态几乎主宰了今天的建筑和室内设计，但作为模拟自然物的"仿生"形态以及多义、暧昧的有机形态也正日益受到人们的青睐。

（一）点

点在我们的生活中还是非常常见的，在语言表达的过程中，尤其是文字表达的过程中，点经常作为停顿符号来使用。而在几何以及视觉艺术中，点却是作为最小的组成单位存在，可以说点是最具图形向心力的存在。

如果将点认为是一滴水，那么无数滴水，可以组成溪流，也可以组成汪洋，如果将点认为是一粒沙，那么无数粒沙，既可以组成沙滩，也可以组成沙漠，不管是溪流还是汪洋，也不管是沙滩还是沙漠，它们共同汇聚的力量总是能够撼动人心的。而作为点，要想理解这种力量，我们首先就要明白视觉艺术中"点"所具备的性格和特征。

我们在学习几何的过程中知道，点组成线，线组成面，面组成体，这一点人们很早以前就已经发现。通过考古我们发现，几何图案出现在世界的各个角落，各种器具上。至今，以点为基础的几何图案，通过人们丰富的联想、巧妙构思出现在人们的日常生活当中，依然备受喜爱，达到了很好的视觉效果。可以说，不管是哪种形式的设计，几何图案的充分运用已经成为一种非常重要的装饰手段。

通常情况下，人们认为点应该是圆形的，但实际上，点的具体形状可以是各种各样的，可以是规则的圆形、方形、三角形等，也可以是不规则的其他造型，人们很难对点做出界定。在视觉元素中，点与面的区分并不是依靠量度，而是习惯通过两者的比较来区分点和面。对于线或面来说，由于点的基本特征就是细小，所以会给人一种具象的停顿感觉。

在空间环境中，"点"随处可见，如一本书、一瓶香水、一盏台灯都是以点的形式出现空间环境当中；在界面中，与其他艺术形式相比，"点"具有更多的重合结果，它不仅可以作为空间转折的角点，还可以当作空间组成面的起点。可以说空间中界面的位置决定因素就是点。

在现代软装设计中，设计者在划分界面时，为了更好利用各种设计元素，当然也包含点元素，一定要从内在和外在两方面进行考虑，所谓外在也就是将点作为一个设计要素，而内在并不针对点本身，重点关注赋予其中的张力，正是因为这种张力的存在，才使得每一个设计元素和每一种装饰材料在视觉规律的指引下进行不同配置，各种设计风格也由此产生。

（二）线

在几何解释当中，点的运行轨迹组成线，线同时也是无数个点的组合。以运动轨迹而言，由点到线，是极具动态的一面。也正是因为点和线的这种关系，所以在设计中，线可以被称为除了点之外的第二元素。线有长短粗细之分，这也就意味着一定规格的线同时也有"面"的属性。

日常生活中，线不仅是一种视觉艺术，其他艺术形式中也有线的存在，如声线、光线等。而在现代软装设计当中，可以说，线条是设计表达的一个重要方式。

在设计中，线的主要特征就是空间的方向性和长度。我们通常看到线主要有直线和曲线两种形态。而在设计当中，不同形态的线条，通过极具个性的装饰物品表现出来，通过物品的丰富表现力，给人带来心理层面的美的享受。以下是几种常见线条的分析。

1. 直线

在设计中，直线是最基本的要素之一，它形式简洁，用最简单的方式将无限的方向感和张力体现了出来，给人一种简洁、锐利、明确的感觉。直线通常有以下三种变化。

（1）水平线。这也是直线最基本的一种形式，水平线首先突出的是"平"，所以它给人的感觉是稳定、庄重、静止、平和。当水平线因为没有端点而无限延长的时候，会给人以宽广、深远之感。

（2）垂直线。垂直线与水平线的运行方向完全相反，垂直线与水平线相交组成的角被称为直角，这在日常生活中非常常见。由于人类视线的原因，垂直线由于其直上直下的表现形式，给人的感觉更加崇高和庄重，它的无限延长给人的感觉更加高远和深邃。

在室内软装设计当中，设计师通常利用水平线和垂直线的交错和组合来表达装饰空间的不同界面。

（3）斜线。这是直线的第三种形式，它既不是水平线也不是垂直线，是介于两者之间的一种线条类型，其动感特征比较明显，同时也具有较强的方向性。两条不同延展方向的斜线如果相交，可以产生不同的角度，即我们熟知的锐角（小于90°）、直角（90°）、钝角（大于90°），而这些交叉角度的产生，给人的感觉也是不一样的，锐角给人的感觉是敏锐，直角给人的感觉是公正，而钝角给人的感觉是舒缓。

由此可见，合理运用不同形式的直线，不仅对界面有很大影响，同时对软装设计中的视觉元素的影响也是不容忽视的。

2. 曲线

与直线的直来直往不同的是，曲线更加丰满、流畅、柔和，由于"弧"的存在，使得曲线更具张力和弹性。与直线形成的角的生硬尖锐不同，弧线使角的硬度得以消失，将圆滑而富有弹性的曲线表达加入到设计的界面当中。曲线主要有以下两种，即几何曲线和自由曲线。

（1）几何曲线。主要是指我们生活中比较常见的，如圆、椭圆、抛物线等曲线，这些曲线都有一些共同的特点，也就是富有节奏，具有一定的比例，规整性也较强，能给人较强的和谐感，在现代软装设计当中合理利用这些曲线，会给人一种柔和、成熟并极具现代感的审美情趣。

（2）自由曲线。这种曲线与几何曲线存在的差异较大，它们通常富有变化，没有固定的曲率，如开放曲线、波形线、螺旋线等，这些曲线都极具个性。这些曲线通常用来表达青春的莽撞以及自信的能力。很多空间在进行软装设计的过程当中，为了追求一种运动感和自然风格，通常会更多地使用自由曲线来表达。

不管是直线还是曲线，线条本身的变化都是非常丰富的，任何一种线条的变化都会直接或间接地对设计风格产生影响。例如，为了给人一种持续性、速度性和时间性，通常会使用长线来表达；而其中的断续性和节奏性，则需要用更具动感的短线来表达。另外，线条的粗细也会对表达产生影响，越粗的线条给人的厚重感和迟缓感越强，而越细的线条给人的感觉则更加轻松和敏感。此外，线条的粗细也不是一成不变的，还可以产生其他的变化，如渐变和有规则或无规则的增强或减弱，这种现象在中国的书法中就经常看到。

线自身的边沿轮廓也可以是平滑的、锯齿状的、孔状的、环形的等，这样看来，线可提供的各种组合转换的可能性比点要多。每一组的变化都会给静止的空间和界面带来情感的变化。它们类似于画家作画的笔和颜料，成为设计师可调动支配的室内风格的组成元素。

3. 组合线

线的存在还具有前两类综合的结果，即组合。这在室内各处都有体现：线条与线条、线框与线框，宽窄不同、造型各异，或三五成组，或成跳跃性并列。

（1）它可以是纯几何线的重复，构成几何形的组合。

（2）也可以是几何线与任意元素的组合，形成混杂的组合。

（3）若是完全由任意线组合，则是完全任意的组合。

基本元素的组合使用需依循视觉和心理规律，若处理得当，设计风格就会在对比和统一中升华到和谐与秩序的最高水准。秩序的建立是各元素共同存在的基本点。

我们的生存空间在无数水平线、垂直线或曲线中诞生：高楼拔地而起，大厦鳞次栉比。在通过凹凸手段获得空间的同时，人们使用了更稳固的现代建筑材料和技术手段，构造一个个合理又适用的生存空间。

线有很强的概括性。单纯的线形材料恰好是反映事物性格内涵的最好语言。利用线条不仅能将物体的轮廓和体积表现出来，提升空间的稳定性，还可以通过联系和穿插保证空间的风格统一。

通过合理利用实线和虚线，塑造或轻松，或肃穆，或舒缓等不同风格，传递出设计者的设计理念。

如果把以细长形象存在的物质和状态都称为"线"，有时在界面中的粗线，不论它规则或不规则，是几何形或自然形，将它作分割处理时，同样的材料，同样的背景，线段具有了点的特征，而具象到某一局部背景时，这一线段又形成了面。它们有时是能够相互转换的。

（三）面

在几何学习的过程当中，我们知道面形体特征是二维空间，只有长和宽，其厚度可以忽略不计，面经常给人一种非常轻盈的感觉。在设计中，面经常体现的是墙壁、地面、天花以及门窗等这些物体或存在通常呈片状。与此同时，各种物体的表面也可以通过面来呈现。在建筑或者是设计当中，通常是利用面来对空间进行分隔和限定，具体程度可以通过面的虚实变化来实现。作为实体与空间的交界面，面的表情、性格对空间环境影响很大，构成了建筑的形态。面的特性显现于其外轮廓和在三维空间中的伸展关系，并与线的特性有直接联系。今天以方盒子造型为主的室内空间中，直面最为常见，单纯，严肃，但也应留意其刻板、生硬的缺点；曲面的使用可以是水平方向的（如弯曲墙面），也可以是垂直方向的（如拱顶），优雅流畅和活力动感是其主要优点；而水平或垂直方向的斜面介入，会为空间带来变化与不稳定感。

（四）体

所谓的体，也就是我们结合学习中的三维空间，它通常具有三个向度，分别是长、宽、高。生活中我们经常会有这样的发现，一个物体从不同的角度看，呈现到眼前的景象是不一样的。这也就意味着我们在感受体的过程中，要依靠不同的角度，然后对视觉印象进行综合感受，感受体的充实感、空间感以及量感。在软装设计的过程当中，可以通过线条的虚实来呈现物体的变化。

实体通常给人厚重沉稳的感觉，而虚体给人的感觉则更加轻快和通透。根据不同的形状，我们可以将体分为方体、球体、三角形体等，其中方体给人明确的空间感，也相对更严肃，在测量构图和制作等方面相对来说比较容易；而不同形状的球体给人的感觉则更加圆满，如果使用得当，往往也会产生很好的视觉效果；而三角体由于其特殊的几何特征，通常传递给人们一种更加稳定、坚实的感觉。在软装设计的过程当中，这些体块通常不会单独出现，都是通过不同程度的改造和组合，形成了一种更加综合的视觉体验，呈现出来的内容也更加丰富，同时也使空间的功能要求得到了一定程度的满足。与此同时，通过不同颜色的处理，也能使体内产生非同寻常的视觉效果。

（五）点、线、面、体的综合设计

不管采用哪种方式的设计，人们不可能采用点、线、面、体中的其中一个元素进行全部的创作设计，它们通常都是共同存在，相辅相成，需要这些创作元素的综合运用，才能完成作品，将想要表达的设计理念表达出来。

在软装设计的过程当中，为了更好地将设计风格体现出来，就需要在固定界面上将每一个物体或装饰物，通过点、线、面、体的形式，通过合适的表达，将其表现出来。那些用来装饰空间的物体或元素，通过相对独立又存在联系的表达方式，共同实现软装设计的审美表达。

虽然从空间形态上讲，点、线、面都不是绝对的，它们都是基于某种形态而形成的。在软装设计的过程当中，不同的材料和物件以及它们之间的配置，就会形成不同的风格，进而产生不同的特征。如何对这些因素进行协调和统一，是软装设计过程中需要遵循的原则。不管是一盏灯还是一个家用电器，它们一方面拥有本身的外形呈现，同时也是设计师设计风格的体现和可以使用、支配的元素。

相对来说，点、线、面、体都是非常抽象的，虽然在造型上面比较明确，但如何处理这些造型因素，只需要一定程度的创新。由于点、线、面、体之间的关系和差异性，导致任何两种以上因素的共同使用，就会产生非常丰富的个性差异，形成的界面和空间也就各不相同。

在软装设计当中，如何运用和控制界面，将作品的形式和风格展现出来，整体把握空间的内部环境非常重要。例如，如何运用阳光，如何采取措施增加空间的流动性，如何利用装饰分割空间等。

通常情况下，处理好了面的关系，空间的整体基本上也就掌握了。经过对点、线、面的合理处理，软装设计的作品会对人类的居住空间造成比较大的影响。但不管怎么变化，整体的外形以及作品审美风格则是相对比较统一的。对于任何一个软装设计作品来说，设计者的审美直觉固然重要，但深思熟虑也很重要，两者的和谐统一才能造就更加完美的软装设计作品。

二、量

我们生活中所说的量，通常指的是数量、体积或容积。这里我们忽略数量，重点阐述一下体积或容积，由于立体形态的复杂性，其轮廓也不固定，如何把握和感知物体具体的量，通常采用的手段就是量感。而量感综合了物理量和心理量，得到数据往往不那么精确，它不像物理量那样通过测量有精确的算法，而心理量则通常依靠视觉和感知，如粗壮的物体，心理量的数值也相应偏大，纤细的物体，心理量的数值也相应偏小，这种感知由于没有具体的测量，得到的数据通常是估值。由于物体存在内力运动变化，表现出来的外在形体就是量感。对于物体来说，量感是其抽象形态的一种具象化，同时量感也是软装设计当中突出艺术审美和创造生命力的一种重要手段。如何利用自然界中千姿百态的量感，并将其体现到软装设计作品当中，处理好物体内部运动和外部形态之间的矛盾，是设计者面临的一个永久性问题。

三、色彩

色彩是室内造型手段中最活跃、最生动的因素。不管进入哪个空间，首先映入眼帘的是色彩对视觉的冲击。色彩对于人的影响还是比较大的，它不仅影响人的心理和生理，甚至还会对健康和行为产生影响。了解色彩，不仅要了解色彩对人产生的影响，还要了解色彩与色彩之间的相互关系和作用。对于软装设计来说，不管是空间形态还是空间尺度，恰当的色彩使用，对于软装设计工作的开展非常重要。色彩使用得当，不仅能给人以美的享受，调节空间氛围，还能突出软装设计风格。

鲜亮的颜色或黄黑相间的条子常常用来标志着危险和警告，或是指示重要部位，如开关机器的按钮；若作业是有颜色的，我们常常使用补色作为其背景的颜色。1925 年，色彩学家别林（Faber-Bitten）提出建议，在外科手术室墙壁涂绿灰色，以抵消血液的红色色彩余象，并可使眼睛能在背景上获得平衡和休息，减轻视觉疲劳。

众所周知，自然界之所以会产生颜色，人的眼睛之所以能识别出颜色，主要的原因就是阳光。由于光线照射在物体表面，通过物体的吸收反射或折射，人类的眼睛接收到这种反射或折射的光所呈现出来的颜色，如红色之所以是红色，是因为物体吸收了阳光中除红色光以外的其他色光，红色光反射到人类的眼睛，形成了一种红色的感觉，而其他色光因为被吸收而转化为热能，人的肉眼无法看见。颜色越亮反射的光越多，白色物体理论上会反射全部色光，而黑色物体理论上会吸收全部色光。

（一）色彩的属性

色彩的属性通常指的是色彩的色相，色彩的明度和色彩的纯度，三者之间的关系相辅相成，任何一个量的改变都会导致另外两个量发生改变。

1. 色相

所谓色相，通俗来讲指的就是色彩相貌，是指颜色与其他颜色有所区别的表象特征。在对颜色进行命名的过程当中，人们通常以自然界中颜色比较相近的物体对其命名，如我们经常能听到的土黄、象牙白、湖蓝等。从对光的概念当中，我们知道光是由物体对光的折射或反射形成的，而色相的决定因素则是光的不同波长。在人类的长期发展进程中，很多色彩被人类赋予了一定感情使其具有了一定的象征意义，虽然这种象征意义会因为民族的发展历程和文化背景等因素的影响而有所不同，有时候这种文化象征甚至是南辕北辙的。在软装设计中，单一色相的使用通常会带给人一种强烈的统一感，这种视觉冲击一定程度上会加强空间的认知性和可识别性。

2. 明度

色彩的明度指的就是色彩的明暗程度，其决定因素通常是由色彩光线的反射能力来决定。任何一种色彩，纯度越高，反射到人眼中的色彩明度也就越强烈，色彩明度的两个极端也就是黑白。在软装设计当中，不管是在形状区别还是判断深度，明度的作用都至关重要，特别是在光线较弱的情况下，通过明度对比，能发挥突出作用。对于室内的光线来说，色彩明度的作用也非常明显，通过颜色明度的高低来提高或减弱室内照明的效率，不仅是对光线的有效利用，同时也是对空间的一种合理安排。例如，客厅就可以利用高明度颜色有效利用光线，提升照明度，而卧室则需要明度较低的颜色，减弱室内照度。在软装设计的过程中，一定要掌握一种分寸感，合理的高明度室内空间，给人带来的感觉是开朗、轻快，否则会给人一种刻板、冷漠的感觉，而合理的低明度空间给人的感觉往往是沉静和温馨，而不是沉闷、忧郁。对于软装设计中高明度颜色和低明度颜色的对比值来说，比值较低的软装设计给人的感觉更加含蓄、稳重，而比值较高的软装设计则更加活泼、醒目，如果想要对过高的明度对比值进行调节，一个比较有效的手段就是通过加入中间明度色彩。与此同时，色彩明度的强弱还会受到室内光线强弱的影响，这也是软装设计过程中需要注意的。

3. 纯度

所谓的纯度，指的就是色彩的纯净程度，也就是一种颜色含有的本身有色成分的含量或比例，色彩纯度又被称为彩度或饱和度。纯度越高的色彩通常给人带来兴奋、活泼等感受，但这种感受都是基于一定量的前提下，过量就会造成心理层面的厌烦；纯度比较低的色彩通常给人一种稳重、安定的感受，心理层面通常会感到很舒适。在任何一种形式的设计当中，色彩纯度的影响因素还是较多的，如环境、材料的光滑程度、光线的强弱等，都能对色彩纯度造成影响，这是软装设计过程中应该注意的。

（二）色彩的表情

生活中，我们经常会有这样的经验，有些空间通过对颜色合理运用，能对人的情绪产生不同程度的影响，这也是人情绪化和主观化的一种表现。在对待不同色彩产生的情绪变化和审美偏好当中，不同的性别、不同年龄、不同的受教育程度以及不同的文化种族等各不相同，但由于人类身体生理构造方面的统一性以及生活环境的共性，在对待某些色彩或某些色彩组合的过程中会产生相似的情感共鸣。色彩本身是没有情感或表情的，之所以会产生相应的情感共鸣，主要是基于人类长期以来的经验，进而形成了相应的情感和共鸣。通过相应的心理学实验，我们可以知道色彩的表情主要表现在以下几个方面。

1. 温度感

经常观察颜色的人会发现，不同颜色带给人的温度感差异很大，之所以会产生这种或暖或冷的差异感，主要的原因就是人类长期以来发展的经验和联想，如红色、黄色等给人以温暖感，而蓝色、紫色则通常给人以冷感。虽然这种感觉并没有明显的感觉，都是相对而言。例如，都是冷色调，绿色与蓝色相比给人的感觉就要暖和一点，在冷暖背景不同的情况下，人们的冷暖感受也会发生改变。通常情况下，明度越高的颜色，给人的冷感越强烈，反之，冷感削弱。因此，在很多设计作品中，人们往往认为低明度颜色装饰的空间在感觉层面要暖于用高明度颜色装饰的房间。

2. 性格感

色彩对人的心理情绪也会产生影响，这就是所谓的颜色性格感。在影响情绪的颜色因素当中，影响最大的因素就是纯度。通常暖色的纯度和明度越高，给人带来的兴奋感和热烈感也就越强烈；而冷色的纯度和明度越低，也会给人带来越强烈的忧郁感和沉静感。此外，颜色不同方面的对比越强烈，带给人的兴奋感也就越高，反之则越低。

3. 距离感

空间的距离感指的是人眼会在颜色的影响下，对空间位置所产生的错觉。对于任何一个空间而言，可以通过有效利用颜色来改变空间的尺度和比例。色彩的距离感取决于色彩的对比关系，色彩间的对比强度越强，则空间的距离感就越明显。除此之外，色彩的纯度和冷暖色也可以产生这种距离上的错觉。

通常情况下，冷色会随着纯度的降低而增加收敛感和后退感，而暖色则会随着纯度的增加而相应增加扩张感和前进感。当空间围合时，适当使用低纯度的冷色会使空间在一定程度上因为距离增大错觉而给人一种宽敞感觉，而当空间敞开时，可以适当使用高纯度的暖色产生距离或尺寸缩短错觉而给人一种紧凑感觉。至于色彩明度，普遍观点认为，色彩的明度越高，空间的扩大感越强烈。也就是说，在围合空间界面中，色彩明度的增加会使视距得到相应扩大。但实验结果与理论恰好相反，空间中物体表面的颜色会因为颜色明度的增加而导致视距的减小，物体表面的颜色越深越是加大了空间倾向，与此同时空间的压抑感和沉闷感也越加强烈。

4. 华丽感

人们所说的华丽感，通常与颜色的纯度有关，纯度越高的颜色，其华丽感往往也越强，反之则朴素感越强；从颜色对比层面来讲，色彩间对比强烈的，华丽感也相应强烈，反之华丽感降低，朴素感上升。与此同时，具有光泽感的颜色在华丽感层面也更加明显，如金色和银色。

5. 轻重感

影响色彩轻重感的主要因素是色彩明度和纯度，通过生活中的经验我们发现，颜色的明度越低，给人的感觉往往越重；而纯度也是如此。在设计中尤其是色彩的运用上面，设计者通常采用上浅下深的用色原则，增强了空间的稳定性。

6. 尺度感

所谓的尺度感，主要体现在膨胀收缩层面，我们在观察一些事物时，经常会因为颜色造成的错觉而忽略物体真正的尺寸，具体来说就是明度越高、纯度越高、越暖的颜色产生的膨胀感和扩张感越强，反之则给人越强的收缩感。

7. 混合感

在一幅设计作品中，色彩的混合布置是比较常见的，在观察作品的过程当中，这些混合交错的颜色会在光线的作用下，在人们的视觉中产生新的色彩，这种混合感往往会给人一种朦胧美。很多艺术家就是利用这种原理创作出了很多令人惊艳的名作，马赛克镶嵌也是利用的这一原理。

（三）室内环境的色彩设计

在室内软装设计当中，影响色彩效果形成的因素通常是多方面的，且因素之间的关系比较复杂。构成室内环境的物体表面色彩，是环境色彩的主要来源，这些色彩的来源多种多样，如材料本身的颜色及后天涂饰。此外，光线的影响也是不容忽视的，还有就是物体间色彩的对比因素等，都会对室内色彩造成不同程度的影响，这也是软装设计过程中不可忽略的一个环节。软装设计师应该学会对这些因素进行综合考虑，针对室内空间不同元素之间的相互关系进行颜色的合理搭配。做到有所突出，合理购置，做到合理分配空间中的远景中景近景，以及光线照射下色彩的相互映衬等效果。

　　在制定软装设计方案之前，首先要对使用者的室内利用情况进行初步的了解，包括使用类型和使用时间，认真考虑空间的色彩基调以及色块间的分布和搭配，尽可能满足使用者的使用需求。此外，还要征求使用者的审美方面的需求，在满足使用需求的前提下结合使用者的审美来选择相应风格，或热烈华丽，或柔和淡雅，或生动，或轻松等。与此同时，在进行软装设计的时候还要注意使用时间问题，如果是短期装饰，可以通过增强颜色对比的方式来突出视觉冲击力；但如果是长期装饰的话，过于强烈的颜色对比则会形成视觉层面的疲劳。

　　简单理解，我们可以将色调解释为色彩的意境，而室内色调则是由填充在室内空间的所有物体的色彩搭配所形成的色彩基调和倾向。通常情况下，室内空间的主色调主要为组成空间的墙壁、地面和天花等主要界面的颜色，但这并不是绝对的，填充空间的家具、陈设等的颜色搭配也可以成为室内空间色调的主要组成部分。在任何一个室内空间中，色调明亮给人的感觉也更加开阔、愉快，色调昏暗则会给人一种神秘感，纯色调给人带来兴奋、激动的情绪，有时候也会令人烦躁不安，而灰色调可以给人带来朴实、淡雅之感，也可以让人感到沉闷忧郁。

　　对于色调来说，色彩面积是主要的影响因素，相同的两种颜色进行搭配，不同的面积配比，就会产生完全不同的印象。空间的大面积表面通常采用白色，主要是因为这种颜色的适用性非常广泛，大面积表面尤其要注意颜色的使用，强烈色彩要慎用，尤其是面对较小空间的时候尤其要小心。在确定色彩方案时，尤其是作为空间的主调或背景色，既可以选用某种单色，也可以类似色作为背景基调，这样的色彩效果相对比较和谐、统一。那些用来填充或装饰的颜色在兼顾整体效果的前提下则可以选用对比色或互补色，一方面可以制造空间的中心焦点，另一方面也可以对空间的形式进行强调，这里需要注意的是面积对比等因素，色彩的分布面积和变化要符合审美体验，否则会给人一种散漫凌乱的感觉。此外，色彩的孤立现象以及色彩间的衔接和呼应也是软装设计中需要注意的问题。

　　在软装设计中，色彩的比例和位置也是需要考虑的一个重要问题，空间中色彩通常分为三部分，即背景色彩、主体色彩和强调色彩。背景色彩也就是组成空间的墙面、地面和天花的颜色，该颜色由于面积较大，通常作为软装设计的色彩基调，统摄支配空间内环境的色彩关系，因此在选用时尽量选用中性色彩，这种颜色相对比较沉静，作为背景对视觉不会造成过度刺激，对于空间内的其他装饰起到一个很好的烘托作用；而主体色主要是指空间中的大件物品的面积色彩，它们的颜色是空间设计风格的主要体现部分；而强调色彩主要是指小尺度精巧的物件色彩，这些色彩的作用主要是突出色彩的对比性，将软装设计的视觉变化体现出来。

此外，光线也是软装设计需要考虑的问题，主要原因就是光线会对空间内的色彩产生微妙的影响。因此，软装设计在考虑颜色方案的过程中，不仅要考虑人工照明，还要考虑自然光对空间内软装设计色彩变化造成的影响。

四、质感

人们通常所说的质感，指的是视觉和触觉方面的感受，而决定触觉和视觉感受的因素是组成物体材料的自然属性和表面组织结构。质感通常的描述内容有材料表面是否光滑、材料的孔隙率、材料的密度及纹理等。

在软装设计中，通常会用到的材料有木料、藤材、毛皮、纺织品、石材、玻璃、金属等。在这些材料当中，一些材料如木料、藤材、毛皮和纺织品等的质地相对松弛粗糙，能给人带来温暖、亲切、安静、柔软等感觉；一些材料如玻璃、金属以及抛光的石材等，由于材料的紧密性和光滑性，在光的作用下会产生一定的反射或折射，使人产生坚实、细腻、精密、冷漠等感觉；而没有抛光的石头和混凝土制品，使人产生粗犷、刚劲和坚固等特点。

软装设计中也要考虑具体的材料组成，不同材料的质感特征能传递出各不相同的表情和风格。通过合理运用材料质感间的对比，丰富空间视觉美感，才能完成比较出色的设计作品。

前面我们已经提到，质感主要是通过视觉和触觉来感受，在感知材料的过程当中通常是触觉和视觉的共同作用，通过触觉，人们可以感知到软硬冷暖等，而通过视觉，人们可以感知到物体的表面是否光滑，这也是视觉为触觉提供的信息。这也是本·克莱门茨提出的视觉质感概念。这种概念的提出主要是基于人类之前感受过类似物体所积累的经验和联想，进而产生的机体反应，视觉质感有时候能对客观事实进行真实反应，有时候就需要触觉来证实。

相同物品组成的材料不同，给人的质感也不相同，而材料的质感很大一部分是受肌理影响的，肌理是物质表面形态的一种客观呈现。肌理可以是有起伏的立体状，也可以是没有起伏的图案纹理。当物体表面的图案因为失去个性而与物体本身特征混为一体时，组成物体的质地就显得尤为重要。

虽然肌理是物体材料的表面呈现，但是不同的肌理呈现，会给人不同的质感印象。例如，相同质地的材料，由于肌理的不同，则会给人完全不一样的心理体验，粗肌理给人的感觉是含蓄朴实稳重，而细肌理通常会给人带来柔美华贵之感。机理可以是材质形成过程中自然成型，也可以通过加工手段形成二次肌理。在软装设计当中，装饰物的肌理通常由特定的生产工艺所形成，如木料纹理、织物的编织纹理等，给人一种自然本色之美；而通过加工结构层表面如雕刻、印刷等手段，使其出现新的起伏或纹饰，则会使材料表面呈现出完全不一样的肌理效果，这种肌理就是二次肌理。在空间的软装设计中，装饰物品的表面不管是原生肌理还是二次肌理，对于空间的影响不仅是反光程度和触摸手感，同时还对空间与物体的比例关系、位置以及声学性质等因素产生影响。

肌理的尺度大小、视距远近和光照等因素，都会影响到我们对其所覆表面的感觉判断，如尺度感、空间感、重量感、温度感等因素。

肌理越大，质地会越粗，同时被覆物体会产生缩小感。肌理越小，质地越细，在视觉层面，采用这种肌理的物体会有一种扩张感。由于视线的原因，肌理的粗糙与细腻会随着距离的加长不断细腻化，这也就使得一些被粗糙肌理覆盖的物体在远观的时候给人一种平整光洁感。通常情况下，细腻感越高的材料，会使空间的开敞感越高。而肌理粗放或者说图案较大的物体表面，会在视觉层面减少空间距离，随之而来的还有不断加大视觉层面的重量感。当空间比较大时，可以通过合理运用装饰物的肌理来调整空间的尺度安排，有效减轻大空间给人的空旷感和疏离感，当空间比较小时，也可以通过装饰物的肌理表面，改善视觉体验，减轻空间给人的压迫感和逼仄感。

光影亦会影响我们对质地的感受，光线的不同方向以及强弱都会放大或削弱质地特征。直射光斜射到有实在质地的表面起伏时，会形成清楚的光影图案而强调、放大它的视觉质感；而正面光线、漫射光线则往往会削弱模糊其表面的三维特征。恰当地对比也会放大对肌理的感受，具有方向性的肌理还会强调一个面的长度或宽度。肌理的配置除丰富材料表面等艺术作用外，还应服从使用条件，发挥情报意义和识别功能，如黑暗中的仪器旋钮、按键以及盲道的设置都应具有明显的触感区别。

五、视觉构成元素的创新应用

组成视觉元素的基本形式为点、线、面，通过点、线、面的合理配置形成抽象几何图形，这些图形可以是纹理、颜色、文字、方向等，通过眼睛进入人的大脑或者说潜意识中，进而产生很多与该图形相关的联想。在软装设计当中，正是通过对这些元素的合理运用和搭配，才能顺利完成一个设计作品,将软装设计的风格展示出来。

　　如今的我们正处于视觉媒体时代,几乎所有的领域对视觉传达设计都有所研究,经过不断的发展与创新,视觉平面设计不管是在原则上还是方法上都得到了不断的改变和拓展,视觉元素也在越来越多的领域中被不断运用。在现在万物互联互通的时代,视觉元素的跨学科运用已经成为一种必然。这种全新形式的运用不仅是文化价值的一种提升,对于商业价值来说也能起到不小的作用。与此同时,信息通过艺术化处理之后,更容易被人们理解和接受,也使得社会上几乎所有的群体都拥有属于自己的独特的艺术空间。视觉构成元素的创新运用对于软装设计来说同样非常重要,首先,软装设计实际上是视觉传达设计的一种,其目的是将空间中的装饰通过画面传递出来,这也就意味着视觉元素在软装设计中拥有了更多的内涵和表现形式,这些视觉元素不仅能起到信息交流的作用,同时还使得空间的艺术性被发挥到了极致。

第二节　色彩元素的魅力加持

一、概述

(一)色彩设计与室内环境

　　可以说从人类诞生的那一天起,人类就已经同颜色建立起了关系,在与大自然相处的过程当中,最早的人类面对大自然的五彩缤纷和变幻莫测时会产生惊喜、恐惧或疑惑的情感,很多现象他们也没有相关的理论去解释。日出日落、春去秋来、风雨霜雪以及更多事物的变化使人类通过点滴积累,终于走到了现在。

　　证据显示,人类最先对色彩加以使用的时间为公元前20万年到公元前约1.5万年,那时候的地球处于冰河时代。由于原始人类对火的崇拜以及血液的敬畏,使得当时的人们认为红色是一种具有魔力的颜色,于是人们将红色涂在自己的身上和脸上,用来驱逐邪恶。

　　随着人类的不断发展,人们对颜色的理解和利用也越来越多样化。公元前约1.5万年前,那时候的人类还穴居在洞窟中,人们的生活方式是狩猎和采摘。现在人们已经在世界很多地方如西班牙阿尔塔米拉山洞、法国的拉斯科洞窟壁画等发现人们当时在洞窟的墙壁或顶棚上用色彩描绘的图像，这些与当时人类生活相关的壁画对于今人了解当时的生活状态具有很大的帮助。这些壁画也可以认为是当时人们对居所的一种"设计"。

随着人们对于色彩的使用越来越熟练，掌握的色彩也越来越丰富，人们在色彩的利用方面也越来越多样。其中古埃及人对色彩的使用最为突出，色彩对于当时的古埃及来说已经不仅仅是用来装饰，他们甚至已经获得色彩调节方面的知识和应用手段，由于古埃及特殊的地理自然环境，为了阻止风沙，也为了阻挡刺眼的阳光，人们的房间很少开窗户，他们在室内涂饰那些能够反射太阳光的比较明亮的颜色，如蓝色、绿色、白色以及金色等，这样一方面阻挡了室外刺眼的阳光，另外也满足了室内的采光要求。

古希腊文明时期，以克里特为代表的宫殿建筑采用大理石铺地，红砖壁墙，其柱头多用红、黑、蓝、白、金色来装饰，当阳光透过柱廊照射宽阔的天棚和壁画时，呈现出了美丽而明快的色彩变化，被后人颂为用色彩构成的"空间幻想"。

中世纪的拜占庭教堂，在深邃、宏大的天庭空间，穹顶用灿烂辉煌的金色描涂，同时在建筑的室内用色也非常艳丽，红、蓝、绿、白色彩的适当运用，配上室内祭具的金银色彩而营造了一个庄严、肃穆的色彩世界。

欧洲文艺复兴时期，色彩艺术与室内建筑紧密结合，天庭和壁画中，艺术家们绘画的色彩艺术在室内建筑内部装饰中得出了充分的展现。大理石、马赛克、金箔、色砖、彩色琉璃砖等极富装饰性的色彩，在这里已被抽象地使用，具有了人文主义的思想色彩。

我国唐宋时期，由于社会的高度发展以及文化的高度进步，对于建筑，不管是外观还是内部装饰，在颜色的运用上面都已经到达登峰造极的程度。建筑外观比较常用的颜色为朱红、青绿、黄色等，通过颜色对比，建筑表面肌理的改造和绘制，给人一种华丽而富贵之感；而室内则通过家具和书画等艺术进行装饰，给人一种素雅、飘逸之感，不管是室外还是室内，这种独特的颜色搭配形成了一种独具特色的色彩装饰风格。

随着工业革命的不断推进，科学技术的不断发展，人们对色彩的认识和要求达到了一个全新的层面。人们越来越重视空间内颜色的搭配，再加上材料和技术的不断发展，使室内环境空间在色彩的运用层面也进入了新的领域，通过对空间环境中装饰物的颜色进行搭配和调整，一方面满足人们对居住环境的要求，另一方面也满足人们的审美需求。总之，不管在什么时候，人们对美的追求不会停止，这也就意味着空间环境内色彩的设计也将是永不止步的课题。

（二）室内环境色彩设计

室内环境色彩设计是环境色彩设计中一个重要组成部分，也是色彩设计在室内环境中的具体运用。现代社会生活环境中，人们在室内（个人居室和公共室内环境）的总时间约占人生的95%以上。如果加上乘车、乘船时间，那人们在室内度过的时间更是可观，而色彩作为一种客观物质在人们视觉中的反映，时时刻刻，有意或无意都在影响着人们的生理、心理和情感意识。所以，室内环境色彩的设计，只有将人和环境结合起来，色彩才有了实质性的意义。

软装设计中的色彩设计，就是在软装设计的过程当中根据相关的设计要求与艺术规律对色彩进行搭配，使空间内装饰物之间的色彩与空间环境能够起到相互映衬、相得益彰的效果。

软装设计中色彩设计包含的范围如下：

①空间界面的颜色如墙面、棚顶、地面。

②空间内装饰物的颜色以及装饰物之间的颜色对比。

③空间及空间装饰物在光线影响下的颜色效果。

对于软装设计中的色彩设计来说，不管采用怎样的颜色搭配，最终都要做到以人为本，以符合人的审美情趣为基准。

由于室内环境色彩设计的整个过程都是由设计者——人来完成的，所以，在设计的色彩思想和内容上，必然要强调人为和主观的一些因素，发挥人的创造力。

（三）室内环境色彩的内容

古今中外，人们对其自身环境色彩的认识过程，经历了对河流山川、风雨雷电、火、红花绿叶、蓝天白云等自然景物产生的自然环境色彩的认识和理解，而这些自然环境色彩在人类生活的长期过程中，由于社会发展、历史进步和宗教民俗等原因给不同族群的人留下了不同的心理印象，这种心理和意识层面的差距就是人文环境色彩。在人们不断总结色彩运用的经验过后，逐渐形成相应的色彩使用规律，并将这种色彩规律应用于生活环境当中，也就逐渐形成了色彩上的审美情趣。软装色彩设计首先要考虑的因素就是色彩、自然和人文，只有兼顾了这些因素，软装设计中的色彩才能在满足实用的情况下兼具审美情趣。

1. 自然环境色彩

人肉眼所能看到的所有颜色几乎都能在大自然中找到，而存在于大自然中的很多颜色反而是人肉眼无法看到的。我们经常能看到的蓝天绿树、白云黑土、黄沙白雪、昼夜晨暮、四季交替以及各种各样的自然现象，这些共同构成了我们的生活环境。而构成人类生活自然环境的自然景观以及自然景观中的色彩，共同组成了人类眼中的自然环境色彩。

在人类成长的最初阶段，可能对颜色本身还没有具体的概念，但因为本身生活在五彩缤纷的世界当中，对于很多颜色已经有了固有印象，因此我们说人类认识色彩的基础就是自然环境。而对于设计来说自然环境所能提供的灵感可以说是源源不尽的。经过长时间与自然色彩的相处和利用，人们逐渐形成了具有一定普适性的色彩习惯和使用规律，很多人具有相似的审美情趣以及不同色彩的象征意识。如在软装设计当中，不同材质不同色彩给空间带来的不同感受，典型的材料如木料或大理石，给人的感觉就是温馨或朴实，这些材料也被广泛应用到软装设计当中，给人一种返璞归真、拥抱大自然的感觉。

由于地理条件、季节气候等自然环境不同，以及传统和习俗的各异，使人们对自然环境色彩的认识和利用也有所不同。在我国西北的黄土高原上，建筑和室内环境中，人们都爱使用偏黄的色彩，这是当地的地理环境的自然色彩和气候条件所形成的，高原上的土地、沙是黄的，黄河的水是黄的，黄色成了人们认同的主调色。而在所有的大自然环境色彩中，绿色又是最为普遍，与人类生存的环境空间也最为密切，它使人们呼吸到清新的自由空气，享受到和平的宁静，维护着人类的生态环境等，因此，绿色更具有色彩的典型意义，绿色的自然景物往往被放置于室内的环境色彩设计中。

了解、分析和研究自然环境色彩对我们生活环境的影响，有利于设计工作者从中受到启迪，拓展色彩的设计思维并从中去获得色彩的灵感，将自然环境色彩和人的环境色彩的整体设计关系统一起来，从而使室内环境色彩设计更为理想和完美。

2. 人文环境色彩

（1）社会历史与色彩。

人类社会的发展如一条绵绵不断的长河，某个特定的社会环境，必然要造就那个历史时期的一种认同和归属感，伴随人类社会的色彩也必然为之烙下历史的印记。红色——人类最早认同的具有生命意义的颜色，对这种颜色的认知在某种程度上可以说已经刻进了人类的骨血中，主要的原因不仅是红色代表了火，而火在远古时期代表了温暖和希望，同时，红色也代表了死亡，因为鲜血的颜色也是红色；而在中国，红色还有一些特殊的含义，在中国的传统中，婚庆通常用红色来举行。

（2）宗教文化与色彩。

在人类的发展过程中，宗教是其中一个重要的组成部分，在人类文化信仰的传递过程中非常重要，宗教除了拥有一套独特的组织制度和仪式外，在颜色方面也有深远影响，有些色彩甚至已经成为某种宗教的特定色彩，其作用就是将宗教的神秘感和深邃感体现给普罗大众。

中世纪的哥特式建筑，以其特有的艺术形式，高耸的尖塔，长窄拱形的门窗直指"天国"而盛名于世。特别是描绘《圣经》人物传记故事的穹顶、壁饰等绘画，设色华丽高贵，彩色镶嵌玻璃为主，作为室内窗、门的装饰，更是取得了强烈的色彩效果。试想，当宗教信徒们庄重肃穆地站在大厅里唱诗低吟时，阳光透过镶嵌着的彩色玻璃弥漫在空大的教堂时，那绮丽梦幻的色彩效果，使人扑朔迷离，茫然敬畏，飘飘然犹如来到"天国"，投入了上帝怀抱的感觉，给整个教堂大厅笼罩了一层神秘而强烈的宗教气氛，这是宗教文化与室内环境色彩"设计"结合的典范。

在宗教文化里，色彩是以精神象征的需要而根植于人的意识中。例如，在佛教当中，不管是建筑外环境还是建筑里面的装饰，金色的运用都占有很大比例，这主要就是因为金色在佛教当中是一种非常神圣的颜色，这种颜色一方面能衬托出佛教殿堂和神像的神圣和不可玷污性，另一方面也有超凡脱俗之意。

（3）科学与色彩。

色彩作为一门学科，它总是随着人类科学技术的进步而带来新的运用和变化。色彩在各个领域里的合理运用更引起了人们的重视。在现代社会环境中，如能科学地利用色彩，不仅能减少人们视觉和肌体的疲劳，而且也利于身心的健康。夏天，在炼钢车间，如在四壁和工人的服装、用具上用偏冷的蓝灰色，有利于减少炽热感，提高工作效率。特别是在生产精密仪器、仪表、光学材料等室内环境里，由于生产制作要求精细而工作者在视觉上就易于疲惫，而影响产品质量，这就需要特定环境下的色彩设计来调节人的视觉感受。

现代生活环境里，人们更多的是在室内工作，需要一种安静而放松的室内色彩环境，这就是为什么大空间办公室、营业大厅等以亮灰色调为主的原因。由于技术和材料的不断更新换代，这也就意味着在软装设计中有越来越多的选择性。不断更新的技术也让色彩搭配有了更多选择，而很多色彩的广泛运用也不断丰富着人们的视野，改变着人们对色彩的固有印象。尤其是现代光学层面的新成就，让光线和色彩的配合达到了全新的高度，这也就意味着人们的生活空间环境中将会出现更加丰富和多彩的色彩搭配，提升人们的视觉体验。我们相信，随着科学技术的新发展，色彩将在人类的生活中发挥更大的作用。

3. 人为环境色彩

人为环境色彩，也指设计环境色彩，这是设计者根据环境设计的要求，对环境中各类物体对象的色彩进行新的创造和设计。这类人为环境色彩的设计，不仅是从自然环境色彩中受到启迪，而且更多的是要根据色彩学规律和色彩的人文因素（如色彩的心理意识和情感表达等）对环境色彩进行人为的设计，以使色彩环境满足人们对它的需要，因此，这类人为环境色彩设计往往带有设计者很强的主观因素，也体现出设计者自身的设计能力。

众所周知，人们对于色彩的感知能力和情感是存在差异的，造成这种差异的原因是多方面的，既包含人类发展过程中的宗教文化民俗等人文因素，也包含地理气候等自然因素。因此在软装设计的过程中要充分考虑人文因素和自然因素对色彩造成的影响，如金黄色在佛教中意味着神圣和超凡脱俗，但在回教当中则意味着死亡，掌握色彩在不同人心中的影响，如何在满足人们审美情趣的同时也能满足环境对色彩的要求，这对于设计者来说就是应该考虑到的问题，满足这些要求也将使设计工作的进展事半功倍。

二、色彩设计原理

色彩，是自然界客观存在的一种物质——光的表现形式。故我们要研究、了解色彩，不可不从光刺激我们眼睛的"物理性的研究"到引起感觉的"生理作用"的研究，从而实现从感觉到知觉的心理研究。在此基础上，完成色彩在设计中美学的研究。

（一）基本概念

大千世界里，那些绚丽多彩的大自然色彩是谁赐予人类的呢？这就是色彩的使者——光。

我们之所以能看见物体，是因为物体在光的照射下，才具有了"形"和"色"的概念；物体的颜色和明暗，造成了形状，显示在我们的眼里。因此，光是视觉的根本，没有光，也就没有了色彩。光为色之母，色为光之子。

1666 年，英国物理学家牛顿（1642—1727）在暗室里进行了一次有趣的光学实验，把太阳的白光（日光）通过一个小孔射到三棱镜上，再散射到银幕上，就出现了红、橙、黄、绿、青、紫六色的彩色光带，这便是我们常指的太阳光谱。在物理学中，光是一种客观存在的物质，光这种物质是一种电磁波，具有一定的波长，而受到人眼限制，只有在固定波长范围内，人的肉眼才能看到，这个波长范围就是3900埃至7700埃，在这个范围内的光，才可以被称为是"可见光"，而大于或小于这个范围的波长由于肉眼无法看见，被称为"不可见光"，其中大于可见光波长的波，被称为红外线，而小于可见光波长的波被称为紫外线（表2-2-1）。

表2-2-1　太阳光谱

雷达	红外线	颜色	红	橙	黄	绿	青	紫	紫外线	入射线	宇宙射线
		波长（埃）	6220~7700	5970~6220	5770~5970	4920~5970	4550~4920	3980~4550			

从表2-2-1中可见，色的实质就是不同波长光刺激人眼的视觉反映。

通过对色彩进行研究人们发现，色彩之所以能够产生，要满足三个基本条件，即主体、媒体和对象，这三个条件分别对应了人的眼睛、光源色和物体。对于色彩视觉来说只有三者的共同作用才能产生，缺少任何其中一个因素，都不可能产生色彩视觉。色彩视觉的产生过程为物体在可见光的照射下吸收其中一部分波长，反射或透射另一部分无法吸收的波长，当人的眼睛接收到这一部分波长，视觉神经会将这个感知传送到大脑中枢，色彩视觉也就得以产生。

要了解、研究色彩学规律，必须懂得光和色的物理相关性，才能更好地运用色彩学规律，用环境色彩学来设计。

（二）色的分类与属性

人的眼睛对其生存环境的色彩的分辨能力说来令人吃惊，能分辨出几百万种颜色。这么庞大众多、丰富多彩的颜色，我们不可能一一去冠以名称，给以区别。为了便于研究，将这些色作系统的分类整理就显得十分有必要了。

1. 色的分类

（1）无彩色系。

主要指的是黑白，以及由黑白两种颜色由于比例不同调和出深浅不一的灰色，从黑色到白色，白色比例的不断增加会导致灰色越浅。

（2）有彩色系。

指无彩色系以外的所有颜色，即包括红、黄、绿、蓝等色相在内的不同明度和纯度的色。

2. 色的三属性

色彩三属性指色相、纯度、明度。在无彩色系中色彩的明度是其基本属性，在有彩色系中色相是其最基本属性。掌握和熟悉色彩的这三大属性，对于认识和应用色彩是极为重要的。色彩的三属性又常称色彩三要素。

（1）色相：指颜色的相貌，是一种颜色区别于另一种颜色的表相特征，如红、黄、蓝……色相实质上是由多种不同波长在物体表面反射（或透射）的光量而决定的。色相是色彩中最根本和最重要的属性。

（2）纯度：又称饱和度或彩度，指色彩本身的纯净程度，也指色彩含黑白灰量的大小成分和比例。

（3）明度：又称亮度，指色彩的明亮或深浅程度。物体的明度越接近白色，明度越高；越接近黑色，明度越低。明度是色彩具备的最基本的属性。

3. 色表系

在色彩的研究和运用中，人们要将自然界中存在的各种颜色一一命名，这不仅是非常复杂的事，而且由于人为的因素，在取名上说法不一，多种多样的颜色名称很难统一，所以，为了学习和研究有必要对色彩作系统的记号，找出它们之间的相互联系和规律。人们归纳出了色彩体系以便研究，色表系就是能表示出色彩的体系的一种特有表达形式，为色彩的运用和设计提供了基本的选择和依据。

色相环是色彩体系中最早的一种表现形式，是由英国著名的物理学家牛顿最初设计完成的。牛顿将太阳光的六色光谱，从头至尾弯成一个 360 度的圆环形，在红与紫之间加入各种中间色，这就是牛顿色相环。后来，经过人们的不断发展又归纳出了 12 色相环、24 色相环等。

三、色彩的知觉与情感

可以说，人们对客观世界色彩的理解和感受都是基于人类的视觉。对颜色的这种感知将不可避免地引起人们的心理活动，从而刺激他们内在情绪的变化。因此，分析和研究色彩对人们心理因素和情绪变化的影响非常重要。

（一）色彩的视觉感知

英国物理学家扬格（Thomas Young，1773—1829）和德国生理学家赫尔姆荷特之（Hermann Von HeLmholtz，1821—1894）的三色理论指出，人视网膜中的视锥细胞包含红、绿、蓝三色视觉神经。当物体的彩色光在人眼的视网膜上反射时，三种色觉神经会受到不同程度的刺激，并且该色觉信号会传输到大脑进行合成，从而产生色觉。当红色神经引起兴奋时，其他两种颜色神经处于抑制状态，并出现红色知觉。这三种类型的神经根据各自的比例以及不同兴奋或抑制的程度而产生各种差异的颜色感。

尽管由颜色引起的感知现象很复杂，有时因人而异，但人的生理结构和生活环境之间却存在共性，这也带来了人们的视觉识别。颜色感知的这种统一性是颜色环境设计的基础，作为设计师应该了解、分析和掌握。

1. 色的视认度

当我们查看某个颜色对象时，它不是非常明亮且突出，但是如果该颜色对象被该颜色的对比色包围，则该颜色对象将变得清晰且突出。这是因为颜色对象（图形）和背景颜色与颜色属性（颜色的可见性）之间有区别。颜色的可见性取决于颜色对象的三个颜色属性与背景颜色（背景颜色）之间的差异，其中亮度属性更为重要。

颜色可见性还受到其他因素的影响，例如照明、面积和对比度。为什么在室内环境的颜色中，那些明亮的红色物体会首先进入我们的眼睛，给人一种进步和兴奋的感觉，而那些灰色、深蓝色和紫色的物体却不显眼，给人一种衰退的感觉，这是颜色给人的视觉距离。通常：暖色、明亮色和鲜明色是前向色，冷色和深色是后向色。

当亮度明亮且纯度高时，同一区域的颜色看起来更大，使该区域具有膨胀感；而当亮度和纯度较低时，它们看起来更小使该区域收缩。这就是为什么在设计相同区域房间的色彩环境时，当我们用灰色和深色调装饰时，室内空间会变得更小，更没有生气。取而代之的是，我们使用明亮鲜艳的粉红色进行装饰，室内空间将变得更大且充满温暖。这种颜色的视觉感知现象是由颜色的向前和向后、膨胀和收缩的感觉引起的。

日本的木朽先生曾就色彩的轻重感作过一次有趣的实验：在三个同样大小而色彩不同的木箱子里，外面涂上黑色的木箱装进 800 克物体，涂上红色的木箱装进 830 克，涂上白色的木箱装进 880 克，然后放在左右手上来感觉，其结果给人的感觉是平衡的。这现象说明了：越明亮的色感觉越轻，越暗的色感觉越重，白色感觉最轻，黑色感觉最重。人们利用这种色彩的轻重感，在室内环境色彩设计中处理天棚、墙面、墙裙、地面的色彩，越往上越明，越往下越暗（重），以求得视觉感知上的稳定感。

色彩除具有以上视觉感知外，同时还具有以下情感效果。

2. 色彩的情感效果

（1）冷暖感：红、橙、黄色常使人联想到火焰、东方日出等，给人以温暖的感觉，而蓝、青色令人想到海水、阴影等而产生寒冷的感觉，绿紫色为中性色，给人以安宁、平静之感，黑白灰中，黑为暖，白为冷，灰为中性。

（2）柔硬感：明度高、纯度低的色产生柔软感，而明度低、纯度高的色具有坚硬感，黑和白给人坚硬，浅灰色具有柔软的表情。

（3）华丽与朴素：纯度和明度高，鲜艳而又明亮的色具有华丽感，纯度和明度低的灰暗色具有朴素感。对比强的色具有华丽感，反之，则给人以朴素感。

（4）兴奋与安宁：与色彩的三个属性有关。暖色具有较高的亮度和纯度，明亮的颜色具有刺激感。凉爽的色彩亮度低且浑浊，灰色给人以宁静的感觉。

由颜色的三个属性形成的颜色视觉的这些生理特性，以及引起的心理影响和情感影响，是室内环境颜色设计中非常重要的问题。作为设计师，它应该引起人们的充分重视和关注。

（二）色彩的心理联想与象征性

颜色的心理关联是客观存在的，当人们的视觉生理因颜色而产生变化时，随之而来会产生一系列的心理活动。同时，这种心理活动将不可避免地引起某些生理变化，这些变化几乎同时发生。例如，当一个病人被送到一个充满红色的房间时，周围的颜色会刺激视力，从而使他的生理脉搏更快，血压更高。同时，还将在心理上令人烦躁和情绪化。而长期工作在冷库的人们，总希望有一种温暖感，如果将其工作的环境设计成暖色调，会达到其生理和心理的平衡。这些生理上的满足和心理上的快感是由人们对色彩的心理联想而产生的。

人们对色彩的心理联想是基于物体的色彩和人类的各种经历，并根据色彩的刺激将两者结合起来产生与色彩有关的事物。人们看到红色、橙色和黄色之类的颜色时，会想到血液、阳光、火焰等温暖的感觉。当他们看到绿色、蓝色、紫色等时，就会想到草原、天空、紫罗兰等。这种因为颜色而想到关联事物的心理反应，被称为比喻关联。红色伴着革命和热情；绿色将和平与希望联系在一起，并同情内心以达到事物的身份，这被称为抽象联系。

由于民族、年龄、性格、生活环境、知识修养、职业等不同而造成的个体差异，有时也会带来对色彩的情感差异。分析和研究色彩的移情作用，对于室内环境色彩的设计，营造一个舒适的、心理满足的室内环境色彩气氛，具有十分重要的意义。

色彩的联想随着传统和习惯的影响，色彩就具有了某一特定的内容，并逐步形成这种色的既定功能——象征性。这种色彩的象征性虽有差异，但更具有人类的普遍性。如红色，使人联想到生命和流血，因而象征着革命和热情。色彩的象征性有时在特定的环境时，又具有导向和识别功能，黄色作为安全色被人们采用，消防车用红色，邮政车为绿色。在美国，人们用色彩来识别大学的主要学科和表示月份。在欧洲，很早以前人们就将天上星星与星期用色来表示；在中国，用色来划分等级和方位等。利用色彩的象征意义，对于不同特定的室内环境色彩的设计和把握，更好地表达出特定环境和内容十分必要。

四、室内环境色彩设计方法

室内空间的色彩设计是一个多空间、多对象的组合，室内色彩的设计也更加复杂。颜色性能受许多因素影响，例如光线、材料颜色、物体本身的颜色以及人为因素。空间颜色表现为多色性，每个部分的颜色关系很复杂，既相互联系又受限制。在屋顶、地面、墙壁和物体之间，物体和物体之间的颜色如何协调，从而室内环境的颜色既实现对比度变化又达到和谐统一，从而形成有机的色彩空间，是室内环境色彩设计所需要解决的重要问题。

室内环境中的颜色不是孤立的，而是以一定的对比度和混合关系相互影响和限制。

（一）色彩的对比构成

当颜色与颜色相邻时，不同于单独看到颜色的感觉。我们称为颜色对比。室内环境颜色的对比度本质上是背景颜色（墙壁）与对象颜色、对象颜色和对象颜色之间的对比度。

1. 明度对比

指由浅色和深色之间的差异形成的对比度，也称为黑白对比度。在室内环境的色彩设计中，室内空间的分层、界面和对象的可见性主要由色彩亮度的对比反映出来。掌握并使用色彩亮度的对比效果，可以设计不同的色调以获得各种不同的颜色对比组合，高亮度的色调让人感觉明亮，低亮度的色调会使人感到严肃而沉稳。

2. 色相对比

所谓的色相对比，主要是指不同色相的颜色形成的差异对比。判断色相对比的强弱，主要是通过色相环，通常情况下，色相环中相邻颜色对比较弱，距离越远对比度越强。在色相环上，相对的两种颜色也就是位置相差 180 度，对比最强，如红绿、黄紫、蓝橙，这些颜色的运用能使鲜明度达到最大，从视觉感知层面来说，能够引起足够的视觉重视。例如当空间中的装饰主色为绿色时，空间中的红色装饰物往往能成为视觉集中区，取得的视觉效果也是非常突出的。这样强度比较大的色相对比在软装设计的色彩运用中经常用到，同时比较常用的几种色相对比应用还有同种色相对比、类似色相对比、邻近色相对比等多种色相的对比。

3. 纯度（彩度）对比

纯度对比在软装设计色彩运用时也是比较常用的。当相邻的两种颜色纯度不同时，在低纯度颜色的衬托下，高纯度颜色往往显得更加鲜艳明亮，相应低纯度颜色则愈加浑浊暗淡。在软装设计中，就经常利用这样的对比来突出装饰物，如降低墙壁等背景颜色的纯度等方式，使设计风格得以突出。

4. 面积大小对比

色的面积或多少对于空间中软装设计的影响也不容小觑，包括色彩面积之间的合理对比，如何达到视觉层面的和谐，同时在色彩心理层面，也达到一个平衡的状态。同样的颜色，在具体运用时，面积或多少稍微一点变化，都可能产生视觉上的差异。尤其是在空间环境色彩的设计过程中，利用一些特殊的颜色运用手法如点缀法、多衬少等，有时候甚至能起到画龙点睛的视觉效果。

5. 冷暖对比

在软装设计的色彩搭配中，颜色的冷暖对比也是非常重要的一项内容。将冷色调颜色同暖色调颜色进行配置，就是色彩设计中的冷暖对比。这样的色彩对比从某种程度上来说对视觉感官的影响是最为显著的，由于色彩冷暖对比对视觉神经的刺激，取得的视觉效果也最为强烈，尤其是在一些特殊的空间中，颜色的冷暖对比让颜色环境变得更加引人注目。

（二）色彩的调和构成

所谓的颜色调和，是指在颜色设计过程中，几种颜色通过合理配置给人带来视觉审美上的愉悦感。色彩调和与色彩对比一样都是色彩设计中经常使用的一种色彩构成法则，它们相辅相成，通过颜色对比寻求一种调和的状态，在颜色调和中寻求一种和谐的颜色对比状态。

1. 主色调的调和

在了解主色调的调和之前，我们首先要知道什么是主色调。所谓的主色调指的是在颜色设计的过程中，以色彩中的一种颜色或一类颜色作为颜色设计的主导颜色，也是空间环境的主要色彩基调。在空间环境中，主色调指的是一种整体色彩感觉，包括组成空间的界面颜色、装饰品颜色、灯光颜色等，以体现出温馨、浪漫等感觉；或严肃、冷静的情调。对于主色调的设计，常用的手法是选择含有同种色素的色彩来配置构成，以获得视觉上的色彩和谐和美感。

2. 色彩的连续性调和

室内环境色彩中，如果过多地注意色彩对比变化，势必会使人感到色彩花乱而给人不愉快之感，这就需要研究色彩之间的内在联系，通过色彩之间的这种联系进行调和，使之相互照应，避免某种色彩的孤立出现，产生一种连续性，这样就能够使空间的色彩环境具有一定的层次性和节奏感，产生视觉上的调和之美，符合大众的审美情趣。

3. 色彩的均衡调和

色彩的均衡非量上的同等，而是指色彩在视觉和心理上的平衡。从色彩的明度上来看，室内色彩宜地面重、墙面灰、天棚轻，才能给人视觉和心理上的平稳，反之，则使人感到不稳定，有沉重的压迫感。室内大面积色彩也宜变亮，对比宜弱，而小面积的色彩却可对比强一些，这也是色彩面积获得均衡的常用手段。

此外，在室内环境色彩的调和中，还有其他的手段可利用。如可加强同色素的比例，用色彩的渐变关系，以及采用黑、白、灰色间隔手法来取得较好的色彩调和印象。总之，一个好的室内环境色彩设计，既要注重色彩对比效果，也要体现色彩的调和作用，使之达到完美、和谐的色彩视觉感受。

（三）色彩的调节功能

19 世纪 20 年代，著名的色彩学家别林（Faber Birren）发现这样一种现象，美国很多外科医生在手术后，会在手术室的墙壁上看到若隐若现的血红色，这是一种视觉残像，产生这种视觉的原因是长时间手术，血液的颜色在大脑中停留的时间过长而导致。为了解决这一问题，别林在对颜色进行研究之后认为，绿灰色同时也是红色的补色能够有效缓解这一现象。之后这一研究得到了广泛应用，外科医生的视觉疲劳现象也得到很大缓解，色彩调节也应运而生。

所谓的色彩调节就是利用色彩的合理配置，对人的心理、生理和物理性质产生影响，结合其他物质调节手段，在方便人们生活的同时也能满足人们的生活情趣的配色设计。色彩调节的使用范围比较广泛，比较常见的有室内外空间、交通以及各种物体设备等。例如在对空间内部环境进行色彩设计的时候，室内房间的朝向也是色彩设计的一个重要指标，朝南的房间由于光线比较充足，在颜色设计时，可以适当采用冷色调，而朝北的房间由于光线较少，为维持空间色彩心理层面的平衡，可适当采用一些暖色调。此外，不同用处的室内空间在颜色的处理上也要有所区别，例如医院和娱乐场所，医院的室内色调通常采用冷色调，这是因为冷色调对于患者来说，能更加平静他们的心理，有助于身体的调理；娱乐场所则不同，为了调动人的情绪，娱乐场所的室内空间通常使用暖色调，这主要是因为人们在这样的色彩环境中，能最大限度地保持兴奋。

当然，色彩的调节功能还有很多，不止我们前面讲到的这些内容，随着人们对颜色研究的不断深入，人们对于色彩的认识也会越来越全面。越来越多的色彩会出现在人们生活环境中，对于人类来说不管是生活环境还是工作环境，色彩的调节作用也会更加丰富。

五、软装设计中色彩设计的实际应用

任何一件物品或设计作品，只有通过使用，其价值才能表现出来，这对于空间内色彩设计来说同样适用。软装设计中的色彩设计，不管怎样使风格突出，颜色配置完美，也只有通过使用，才能突出软装设计的价值，也才能实现丰富人审美情趣的意义。

(一) 室内的色彩统调

室内色彩由于受到多种因素的影响，呈现出一定的多样性和复杂性，这也就意味着空间内的色彩环境是多层次的，如物体本身的颜色与空间背景颜色的对比，物体与物体之间的色彩对比，物体自身材料色彩对比以及物体与光线的关系等。空间中的颜色对比可以是大的空间墙面与大型空间家具的对比，也可以是小型装饰物之间的颜色对比。色彩对比之间的组合和层次，让每一种色彩都如同跳动的音符一样，如何将这些音符合理排列演奏出别具风格的乐章，就是软装设计中色彩设计的一大挑战，这就需要设计者在设计的过程中，首先要对空间环境有一个比较全面的认识，然后确定或优雅或激昂的色彩主基调，再以此为基础进行室内空间色彩的统调。

分布在空间中的色彩之间的配合以及所有色彩相互配合形成的整体倾向就是室内色彩的统调。室内色彩的统调一方面将空间的功能、特性和需求展现了出来，另一方面也通过色彩对人的心理和情感产生一定程度的影响。当空间为暖色调时，会给人以轻松、愉快和温馨的感觉；鲜艳强烈色调时，给人心理层面的影响是兴奋激动；冷色调给人以安静平淡之感；暗色调会让人感到压抑和忧郁等。因此，设计者在进行色彩设计的时候，要在满足用户需求，满足空间特性的基础上将色彩所具有的感染力充分表达出来。

空间色彩的统调形成，其决定因素在于空间背景颜色，也就是组成空间的地面、墙面和房顶颜色，由于这些背景的颜色面积较大，在空间的色彩调性上起决定性作用。空间内的装饰物品虽然在颜色上面各具特色，但总体需要与背景颜色进行呼应，使色彩之间做到某种程度的统一，使营造出的色彩环境符合软装设计风格，也使色彩统调更加和谐。

对于空间色彩的统调来说，构成的主要内容就是颜色间的比例关系以及色彩属性，即色相、明度和纯度。从色相层面讲，色彩统调可以分为暖色调、冷色调和中性色调等；从明度层面讲，色彩的统调可以分为亮色调和暗色调；从纯度层面讲，色彩的统调可以分为鲜色调和灰色调。

　　总而言之，在进行空间色彩统调时，首先要考虑的问题就是人们在特定环境中的色彩需求，在此基础上还要对色彩的功能性加以注重，此外，人的感情因素和文化性也是色彩设计中不可忽略的因素。只有兼顾了这些方面，才能设计出符合人们审美需求兼具实用性的作品。

（二）室内空间的环境色彩设计

　　现代社会的发展，为人类的生活、工作、学习和休闲娱乐等提供了广阔的公共空间环境。在以人为主体的空间的环境色彩设计中，人们对色彩的视觉生理反应和心理调节作用及色彩的情感传递因素要求也越来越高，空间的色彩环境设计，由于涉及的种类多、面广，空间的要求各有不同，因此，有必要从其内部的实用性和功能性给以分类讨论和研究。

　　室内空间的色彩环境包括：①商业、购物、公共厅堂内部环境；②教科所、办公室、会议室、图书馆及学习类环境；③各类餐厅、娱乐业环境；④展示、陈列及纪念性环境等。

1. 商业购物、公共厅堂环境

　　对于商业购物和公共厅堂来说，由于其空间的特殊性，在设计时要突出商品展示的目的。由于空间的主体对象是客观商品，空间装饰的目的是为了使商品得以售出，因此在对这样的空间进行设计时，首先要注意的就是空间背景颜色，也就是地面、墙面、房顶、柱子和货柜等的颜色，通常以中性灰色为主，一方面突出了空间的简明淡雅，另一方面也能有效突出商品的各种性状，使顾客能够最大程度注意到空间中商品形象和色彩。

　　与此同时空间中的照明设计也要注意，光照度在满足顾客视觉需要的同时，还要兼顾空间的色彩，使光线和空间内色彩相互搭配，达到突出空间内商品特性的目的，吸引顾客的视线，使其产生购买物品的欲望。通过长时间的研究证明，饰品店中，以暖黄色面料衬托首饰，再加上玻璃展示柜和门窗，营造出的环境玲珑剔透，通过聚光灯的直射，璀璨的环境和金光灿烂的首饰尤其刺激消费者的购买欲望。当然，在针对空间环境的色彩进行灯光配置时，为保证产品本身的颜色不受影响和改变，选用无色灯光为佳。

　　由于商业购物、公共厅堂的空间较大，不同的区域展示的物品也有较大区别，这时候在设计时，可以通过色彩的多样化运用将空间进行分门别类，区分空间的使用性质，使这些小的空间色彩既统一于大空间的色彩背景，同时也具有小空间本身的色彩特性。

不管是商业购物还是公共厅堂，本质上讲这些内部空间都具有一定的公众服务性质，往来其中的人各种各样，不管是停留还是休息都不会花费太多时间。因此在对这样的空间进行色彩设计时，在强调色彩效果统一的同时，还要兼顾大多数人的色彩品位，因此在颜色使用上经常选用中性色调，以突出环境的明亮和轻松。有时候，设计者也可以通过壁画或绿植等方式协调空间色彩，给人以更加丰富的视觉体验。

2. 文教科研、办公会议、图书馆环境

这一类空间相对来说比较特殊，它具有一定的限定性，空间环境相对比较静态。因此在软装设计的色彩设计过程中要充分考虑处于空间中的人们的视觉生理和心理调节效果。也就是说，设计者在对空间的色彩进行设计时多采用中性色，目的是突出空间的柔和、淡雅、明亮，尤其是房顶、地面和墙面，由于房顶颜色会对照明产生影响，因此，房顶的色彩应单纯明亮，墙面的色彩也应在保证空间环境的基础上采用低纯度、高明度颜色，例如白色和浅灰色，含亮灰的粉绿、粉黄等中性颜色也可以作为这类空间的墙壁装饰颜色，而地面在颜色的选择上则应选择那些明度较低的中性颜色。这样构成的空间环境，由于色调比较沉稳，通常给人一种简洁、清爽、明快之感，营造的色彩环境也更加安宁、平静和轻松。处于这种环境中的人们，不管是工作还是学习，都能很快静下心来，投入到接下来的工作或学习当中，由于更加集中的注意力和敏捷的思路，工作和学习的效率也就大幅提升。

3. 各类餐厅、娱乐业环境

社会的进步以及科学技术的发展，不断提升着人们的精神需求和物质需求，不管是人与人之间的交际需求还是娱乐休闲，技术的提升让人们的生活环境越来越丰富是不争的事实。餐饮和娱乐是人类精神需求和物质需求的重要两方面，其空间环境的设计也要有针对性。

餐厅的空间设计，虽然在室内装饰风格上各有不同，但色彩的表达方式对于往来其间的客人来说还是具有特殊作用的，合理的色彩搭配能有效提升消费者的进食欲望，满足消费者的视觉和味觉体验。如何选择和处理这种环境中的色彩搭配，通常情况下以暖色调为主，色彩宜选用较高的明度和较低的纯度，色彩间的对比要适宜，避免纷乱刺眼，这样才能在视觉上给人以美的享受，进而增加消费者的食欲感。餐厅的灯光照明也是极其讲究的，尽量避免使用有色光，这主要是因为有色光在某种程度上会对食物的外观产生影响，进而影响消费者的食欲。但对于有些餐厅来说，适当

使用有色光，不仅能有效烘托空间的气氛，还能对餐品有一定的色调处理，激发消费者的消费欲望，如适宜亮度的绿色照明，给进餐者一种置身于大自然的感觉；如果一个餐厅专门经营海鲜，那么蓝色灯光就会给人一种置身于大海中的感觉，使海鲜更具原生性。

而娱乐场所的空间在进行色彩设计的时候，要以调动消费者的情绪为目的，因此在设计中宜采用对比色，高明度、低纯度的色彩能直观刺激人的视觉而强烈地调动人的兴奋感，再加上五彩缤纷的灯光照射，使空间的色彩节奏不断增强，也不断刺激着人们的视觉神经，使人在这样的空间不自觉产生唱跳冲动。

4. 展示陈列、纪念性环境

对于展示陈列和纪念性环境来说，由于环境的特殊性，色彩设计风格以庄重、沉静为主。因此，在设计中，色彩的选择应尽量避免鲜艳或对比强烈的颜色，而应该选择那些沉稳含蓄的色彩来对展示的主体进行强调和突出。由于陈列主体本身是具有色彩的，那么空间颜色设计目的就是要对主体进行烘托和陪衬，因此通常选用比较单纯的色彩，使背景颜色和主体颜色能形成对比或调配关系。在选择色彩的时候，尤其要注意色彩的象征意义和色彩的形象符号，使空间背景色彩的文化思想内涵得到最大程度展现。

总而言之，展示陈列和纪念性环境的空间环境色彩设计中，色彩的统一效果极其重要，设计者要坚持以人为本，照顾到大众的色彩倾向，强调色彩的共性，尽量避免为突出个性而使用具有极端倾向的色彩，尽量使空间内的色彩环境与主体和使用者协调融合。

（三）居室环境的色彩设计

所谓的居室环境指的就是人类的居住场所环境，这种环境的好坏直接影响人们的日常生活。因此如何营造宜居的居所环境，让人们能在这样的环境中惬意生活，保持轻松愉悦的心情，促进家庭成员间的和睦相处是设计者在色彩设计中应该着重考虑的问题。不同的家庭由于年龄、职业、文化修养等不同原因对于居所环境的要求也各不相同，色彩的使用也很难做到步调统一。因此，设计者要针对不同的用户需求对色彩进行不同程度的研究，在色彩设计的过程中，不仅要考虑到使用者的个性特征和心理需求，还要搭配空间的其他装饰和照明，进行色彩的统筹设计，使设计出来的居所环境在兼具实用性的同时也能满足使用者的审美需求。

在居室环境的色彩设计过程中，还要考虑到组成居室环境的不同空间功能，如客厅、卧室、书房等，有针对地选择空间色彩。

1. 起居室（客厅）的色彩

对于居所环境来说，起居室或客厅可以说是家庭室内空间的核心，对于家庭来说，客厅的作用不仅仅是迎客会友，也是一家人闲话家常、沟通交流的重要场所，对于任何一个人来说，进到一个家庭，首先映入眼帘的就是客厅环境。因此，起居室或客厅的色彩设计尤其重要。通常家庭空间中，起居室或客厅所占据的空间是比较大的，墙面、地面、房顶、家具电器等共同组成了起居室或客厅的色彩基调。所以起居室或客厅在颜色设计中通常采用同类系色彩作为空间的基准色，在需要突出的地方利用对比色来增加视觉效果。在对起居室或客厅进行颜色设计时，空间的大小也是一个决定因素，如果空间相对较小，那么采用高明度的偏暖色调，一方面突出了空间的温馨淡雅，另一方面这样的颜色能使空间适当延展，增加视觉层面的开阔性；如果空间相对较大，明度适中的中性色调更加合适，组成空间的房顶、地面、墙面以及填充空间的各种大件家居装饰，在颜色的搭配上最好是不同明度的同色系，这样不仅保证了空间色彩基调的一致性，而且也保证了视觉上的层次感。在这样的基础上，一些艺术品或装饰小品可以通过重点色或对比色来突出个性。与此同时，大空间的起居室或客厅中的纺织品、绿植以及灯光的搭配对于空间环境的色彩影响也是非常重要的，它们在调节室内色彩的同时，对于空间环境的气氛烘托作用也不容小觑。

在这里，应该强调的一点就是起居室或客厅空间的色彩设计中，不仅要表现出色彩的共性和个性，同时还要考虑使用者的审美需求，这也就要求设计者在设计之初就要对空间使用者的文化修养、兴趣爱好等人文情感有一定程度的了解。

2. 主卧室的色彩

与前面提到的起居室或客厅相比，卧室显然是一个更为重要的空间，因为这个空间承担着人们的休息质量，这里承担人类 1/3 的美好时光，因此，设计师要尤其注意。众所周知，卧室的功能就是休息，人们在经过一天的工作之后，非常劳累，需要一个空间来恢复体能，缓解情绪，这个空间有时甚至还要承担工作和学习的功能。主卧对于一个家庭来说，也是夫妻沟通和情感交流的重要空间，由此可见，主卧色彩设计的重要性。

不同的人，由于年龄、职业、兴趣爱好等原因，对卧室的色彩要求也各不相同，这就注定了主卧室在设计上的个性差异非常明显，不管是活泼温馨，还是标新立异，也不管是追求时髦，还是稳重安静，从主卧的功能上讲色彩具有一定的共性。那么如何才能使主卧室色彩趋于理想，对于设计者来说是不小的挑战，也就是说，设计者在对色彩进行设计的时候，要考虑到使用者的具体需求，并在此基础上使设计出来的主卧空间色彩，在兼具实用性的前提下，实现视觉上的轻松浪漫和温馨舒适。

通常组成主卧室色彩基调的元素由地面、墙面、房顶、家具以及窗帘和床上用品等色彩来决定，这些元素的色彩是否搭配协调，直接决定了主卧空间的色彩统调。一般粉红、米黄、浅绿等偏暖色容易营造出柔和安宁的空间氛围，在使用中，最好使用纯度偏低明度偏高的色彩，这样营造出来的效果更加雅致安宁。

此外，主卧的灯光照明对于气氛调节也很重要，与客厅照明要求不一样的是卧室照明要考虑到使用者的睡眠需求，如果使用者即使睡眠也需要有微光存在，那么比较适宜的照明布局就是射灯、台灯、壁灯相结合的方式。当然，在这些照明配置的过程中，如何营造更加适宜的色彩效果，就需要设计者深入巧思了。

窗帘和床上用品的色彩，对卧室空间的视觉审美也是有较大影响，其中一个原因就是它们占据了较大的视觉面积。因此，如何选择合适的色彩和质地，进而使卧室在温馨舒雅的情况下兼具柔软细致，也是设计者需要思考的问题。

总而言之，由于卧室的特殊功能性，在进行色彩设计时首先应当考虑的就是放松使用者的心情，使环境能够让人安心入睡，结合照明和装饰，在满足使用者审美需求的同时，尽最大可能实现空间的放松舒适度，达到浪漫温馨的情感效果。

3. 子女室的色彩

在空间颜色的设计上，使用者是很重要的一个决定因素，因此在对子女室空间进行颜色设计时尤其要注意。作为为子女提供休息、玩耍和学习的空间，在色彩设计上要明显区别于成年人的空间色彩搭配，还要根据孩子的不同生长阶段。生长发育期的孩子，天性好动，他们对待事物或色彩通常是非常感性的，其敏感度也较为单纯。这也就意味着在对子女室空间进行色彩设计时，明亮轻快的对比色相对比较适宜，尽量避免灰暗沉静的色彩。通常在实践中比较常用的色彩搭配有粉红/粉绿、淡蓝/橙黄、米黄/浅紫等比较单纯明亮的色彩，这对于孩子天真烂漫的个性来说一方面满足了他们感性的视觉体验，另一方面这些相对比较积极的色彩也能从心理层面促进孩子的身心健康。为了拓展孩子的视野，大自然的色彩和图案也是必不可少的，与此同时，空间内装饰物的色彩也要以启发孩子智慧为前提，使设计出来的色彩空间，在保证孩子身心愉悦的同时，还能启发孩子的创造性思维。

此外，随着子女成长的阶段不同，子女室的功能也各不相同，儿童期的子女室功能主要是玩耍和休息，但随着孩子的成长，子女室的功能已经不仅仅这些，还是孩子学习的主要空间，也就意味着子女室也兼具一部分书房的功能，这时候在对子女室的空间进行色彩设计时，就要考虑到孩子的视力要求，多采用一些缓解视觉疲劳、耐看的颜色，通常以浅蓝、浅绿等色调为宜，这些颜色一方面缓解了孩子的视觉疲劳，另一方面对于孩子的心理也有一定程度的安神作用，为兼顾孩子视觉审美，可以在一些装饰上采用比较明快的橙黄等色彩，加强空间的色彩对比性，使色彩效果更加欢乐愉快。

4. 工作室、书房的色彩

对于工作室或书房的色彩设计来说，由于其功能的特殊性，在色彩设计时要尽量保证空间的宽松、静淡。通常情况下，我国室内空间的书房或工作室的空间相对较小，其间的主要装饰物通常为书柜、书桌以及其他装饰物，占据室内空间较多的为书柜和书桌，这也就意味着工作室或书房的空间和功能受到某种程度的限制。因此，这种空间的色彩通常以中性色如亮灰色、亮蓝灰等色彩为主，这种色彩由于较高的明度和适中的纯度，一方面衬托了空间内的书籍，另一方面也使空间环境更加沉稳，让人能在这样的环境中保持心情平稳以及视觉上的舒适，提高专注度，提升使用者的工作或学习效率。

此外，在工作室或书房的色彩设计中，原木板材也是不错的选择，原木中的色彩纹理，在给人沉静朴实的同时还给人一种回归大自然的感觉。同时，空间内的其他装饰除绿植外如窗帘、饰品等，在色彩的选用上可以适当使用对比色，增添一点空间的宽松随和氛围，使工作室或书房的氛围不至于太僵化，起到画龙点睛的作用。

5. 餐厨室的色彩

现代居所中的餐厨室，风格各异，有开放的餐厨室，也有相对独立的餐厨室。如果餐厨室的空间是开放空间，那么在对其进行色彩设计时，就要参考大空间的色彩搭配，这里就不做赘述。这里主要分析单独空间的餐厨室，由于空间相对较小，再加上餐厨室的功能性，因此在色彩选用上，通常以暖色调为主，如浅橙、米黄等色彩，通过较高的明度一方面拓展了视觉空间，另一方面因这些色彩会给人一甜蜜温暖的感觉，对于食欲还有一定的促进作用。另外，餐桌等色彩的选择对于餐厨室的色彩统调也是非常重要的，选择这些物品色彩时，在突出物品特色的同时，还要兼顾环境色彩的统一以及空间的洁净卫生意识。整体来说，在满足使用者审美情趣的同时，烘托家庭就餐时的温情祥和气氛。空间的照明也是不容忽视的，通过恰当的照明，能在烘托空间就餐氛围的同时，将食物的色香味也重点突出。

一般情况下，由于居室里的厨房与餐厅多为同一区域，因此，餐厅和厨房的色彩在设计时要具有一定的统一性，无论两者的空间是否存在隔断。当前的家庭中，餐具大多选用不锈钢，这种材质的餐具虽然极具现代感，但在色彩的统调方面是难以维系的，这种材质天生具备一种冷郁感，增加了色彩调和的难度。比较常用的中和手段就是通过调整墙面和地面等的色彩也就是暖色调来增加空间的轻松愉快氛围。

6. 浴厕的色彩

浴室和厕所对现代居所来说也是非常重要的。人们在忙碌的一天之后，通过浴室洗去一天的劳累，浴室的环境如何，直接影响了使用者的感官体验。而厕所更是人们每日生活所必需的场所。现代居所中，为了空间的有效利用，厕所和浴室通常集中在了一个空间当中。除了必要的设施和通风换气以外，良好的浴厕间的色彩设计对于使用者的心理调节作用也是非常明显的。

由于空间限制，浴厕间的空间普遍不大，对其进行色彩设计时，在兼顾整体环境色彩的同时，也要突出浴厕间的色彩特性，通常比较常用的色彩为高明度、纯度适中的中性色彩，空间中的墙面、地面和房顶以及置于其中的配套设施，在选用色彩时尽量选用同类色系，这样的配色方案能在心理和视觉层面给人一种扩张感，如墙面采用乳白色，那地面可以使用浅咖色，卫生洁具就可以适当采用米黄色，这样的色彩搭配不仅能够减轻洁具的视觉体量，也能给人一种明快欢愉之感。

需要强调的一点就是浴厕间的色彩不管采用哪种色彩搭配，黑色及深色系要尽量避免，一方面这类颜色在隐藏污垢方面不理想，另一方面的原因是这些色彩能给人的视觉造成一种压迫感，使本来有限的空间更显逼仄，心理层面也会有种阴郁感。

此外，为了改善浴厕间的视觉体验，可以通过室外景观以及室内绿植或壁上装饰等手段，使浴厕间的视觉体验有所改善。

第三节　图形元素的合理搭配

任何图形都是通过点线面的组合而展示出来的。通过不同的组合方式，展示到人眼中的形状也是千奇百样的。软装设计中的图形元素虽然某种程度上讲也是由不同形式的图形元素配置而来，但不同风格的软装设计，在图形配置上面差距很大，其中比较典型软装设计风格有中式风格、地中海风格和现代风格。

一、中式风格的图形元素搭配

在中式风格中，一个比较典型的图形元素就是回纹，回纹的呈现方式主要是四方连续组合，这种元素在软装陈列设计饰品上还是比较常见的，其寓意"富贵不断"，也非常讨人喜欢，这种图形元素本身的严谨排列和水平设计，在传承中国古典设计风格的同时，深邃了现代装饰风格。

二、地中海风格的图形元素搭配

地中海装饰风格主要是因为欧洲的文艺复兴，这种风格中的图形元素亲和力极其厉害，通过简单的线条勾勒出花卉和条纹格子等图案，给人一种优美典雅之感。这种风格当中还有一种图形元素也是非常经典的，那就是马赛克形状，通过大量运用这种图形元素，使地中海风格的图形元素更加优美也更加华丽。

三、现代风格的图形元素搭配

在图形元素的搭配中，现代风格的主要标签就是简约大方，图形元素的搭配主要通过大量的线条和几何形状之间的组合来完成。对于不同群体来说，要想突出其个性化，首先需要满足的一个条件就是软装配饰的多样性，通过不同形状之间的搭配满足个性化的需求。以软装设计当中比较常见的地毯为例，首先可以突出个性的一点就是地毯的形状，通常圆形可以起到有效软化空间的作用，并有效减弱空间带给人的生硬冰冷之感；而方形或有棱有角的地毯通常会给人一种正直了当之感，这种安排更加突出了空间中的棱角，将空间硬朗独特的鲜明个性直观表现了出来。

第四节　材质肌理元素的不同感觉

在软装设计中，装饰物的材质也是非常重要的一个组成部分，由于不同材质，其肌理往往是独有的，因此材质的使用通常会给人以固有印象。如大理石由于其特殊的纹理和坚硬感，在带给人奢华典雅的同时也会给人一种冰冷不可冒犯之感；而面料的肌理，则会给人一种亲切、质朴柔软之感。不同的材质通过肌理以及光线的反射产生不同的光泽度和表面质感，通过视觉体验产生心理层面观感，例如人们通常认为质量好的材料由于质地细腻导致表面肌理光滑，其表面的光线反射强烈，给人一种清凉之感。组成装饰元素的材质本身由于视觉和触觉的双重体验，使软装设计中的元素搭配更加多样化。

一、光泽感的材质肌理

光泽感之所以产生，主要是因为材料表面具有一定的反射性，在光线的折射或反射作用下，产生这种视觉感，例如玻璃、金属等。对这种材质运用比较多的是巴洛克风格，这种风格的出现打破了当时盛行的古典主义风格，这种风格善于利用具有光泽感的大理石、金属和宝石等材料，装饰的效果也是极其显著的，其恢宏大气、华丽壮观的场面经常会让人叹为观止。

二、柔软感的材质肌理

具有柔软感的材料通常指的是毛皮、面料、编织物以及纸张等，在软装设计当中，通过对这些材质的合理运用，营造出来的空间通常温馨浪漫、典雅柔和，处于这样空间中的人们，心情通常是放松的。软装设计中的法式田园风格就经常使用亚麻布艺等面料进行装饰，装饰出来的空间素雅清新，在丰富视觉体验的同时，也使场景的生动性得到了无限扩大。

三、坚硬感的材质肌理

坚硬感的材质与前面讲到的光泽感材质是有所区别的，坚硬感材质甚至某种程度上可以包含光泽感材质，但这里主要针对木质板材进行分析。这种材料可以通过加工制成各种形态的装饰物品，可以制作成内敛沉稳的中式装饰物，也可以被制成雍容华贵的西式装饰物。木质材料的肌理线条明朗、简洁多元，在视觉层面给人的感觉坚硬但不冰冷。任何一种软装设计都离不开这种材质肌理的装饰与配合，这种材质几乎可以胜任任何一种软装设计风格，可华丽、可温馨、可沉稳、可时尚。

第五节　视觉元素常用的陈列手法

一、均衡对称式与重复式

（一）均衡对称式

这种陈列方式通常在中式空间中比较常见，纵观中式古建筑，会发现这种陈列方式在中式风格中随处可见，不管是院落安排，还是装饰物的设计生产。但这种陈列方式在现代装饰中有所调整，人们所要求的对称也不仅仅是生硬的物质上的对称，而是设计元素上的对称，主要是为了实现元素均衡的目的。

（二）重复式

人们通常认为元素的重复使用会造成视觉审美上的疲劳，但在软装设计当中却非如此，通过不同材质来表现相同元素，再加上色彩层面的相互映衬，是重复式的一个重要特色，例如在软装设计当中，几何纹路就被重复用在各种材质上面对空间进行装饰，这种元素间的重复利用，使得空间风格在趋于统一性的同时也丰富了空间的装饰层次。另外比较常见的重复式元素还有花朵元素和祥云元素，它们的重复利用使空间的氛围更加温馨浪漫。

二、点线面布局式与几何表达式

（一）点线面布局式

在软装设计当中，点线面是最常用的一种布局方式，视觉构成的基本元素也是点、线、面。任何一种设计包括软装设计都是通过对这三种元素进行的不同搭配，产生不同的设计作品，产生的设计风格以及视觉效果自然也就各不相同。

（二）几何表达式

在软装设计中运用，对于抽象化的元素的表达越来越多，几何表达式能营造出色彩明快又有强烈节奏感的空间意境，在现代及后现代风格情景中应用极多，也是很多年轻人比较喜欢的陈列表达形式。

三、组合式与阵列式

（一）组合式

想要把大小不一的元素布局丰富，组合搭配的完美，就要考虑组合式软装陈列手法。将不同的视觉元素由点到面合理组合在一起，使得整个空间完整统一。

（二）阵列式

软装设计中对关注视觉点非常重视，在陈列饰品时，要能够合理地装饰空间，以设计好的搭配阵列来展示整体空间的有序精致。

四、情景式与兴趣展示式

（一）情景式

情景式是指在客厅空间中创造一个事物暂时停止的瞬间，给人如临其境的一种真实感，创造出一个刚刚书写完就离开书房的场景，无与伦比的真实场景很容易引起客户的共鸣。或者在孩子们的房间里，用情景展示的方式给人一种孩子们写完作业然后出去玩的画面，具有很强的艺术感染力。

(二) 兴趣展示式

不同群体的兴趣点截然不同，他们兴趣所在的实体展示需要一定的空间来陈列表达。例如，有人喜欢汽车模型，有人收藏古玩，有人爱好名贵珠宝等。在软装陈列设计的过程中，会针对不同群体的兴趣爱好，在展示空间内，将他们收集的物品既能观赏又能很好地保存。

五、主题统一式与画里画外式

(一) 主题统一式

主题统一是指空间风格指向一个主题，营造一种相对统一的情景氛围。以地中海风格为例，整体颜色以海洋色为主，增加帆船、贝壳、海马等形状的床品，使整体统一和谐。

(二) 画里画外式

在软装设计中，部分饰品的元素都和整体空间的背景造型相互呼应，用相同的元素搭配，使营造的环境非常巧妙，趣味盎然。画里画外遥相呼应，给一致整体的空间情景增添了丰富的层次感和乐趣。

六、其他软装设计陈列手法

(一) 借鉴式

软装陈列中的借鉴式指的是将跨行业、跨领域的设计理念和设计元素运用到陈列设计中。在同一场景氛围中体验不同行业元素的融合，通过借鉴的方式使空间情景更为丰富多样化，产生不同的场景关联。

(二) 兴趣导向式

兴趣导向是在选择装饰元素及陈列设计时，迎合不同群体的兴趣爱好。例如，在不同风格的儿童房的软装陈列设计时，就需要以小孩子的兴趣点为方向，选择不同的元素营造出一个充满兴趣的情景空间。

（三）点睛之笔式

在客厅、卧室等重要空间，往往需要一个重要的视觉焦点。这种视觉焦点的陈设是眼睛色彩增强最重要的部分。例如，在纯白的空间里添加色彩鲜艳的装饰，或者在卧室里放一束美丽的玫瑰，都能在第一时间吸引人们的注意。

（四）材质引导式

在软装陈列中，材料元素的选择和表达是非常重要的。要表达不同的气质，不仅需要造型的多样化，更需要物感的丰富。大量金属镜子在墙上的装饰应用，使整个空间呈现出复古的时尚效果。餐桌上的银色长餐具、瓷餐具和晶莹剔透的酒杯，都是由不同的元素构成，共同营造出优雅而凝重的空间情调。

（五）堆砌式

通过堆砌式手法打造的软装空间，既有设计美感又有丰富的视觉效果。在进行堆砌式时，需要讲究设计原则，图案的堆砌、颜色的搭配等，不能随意乱堆砌。

（六）突破常规式

为了突出餐厅空间的效果，将原来的水平布改为斜向展示桌布的方式。这种独特的显示方法突破了常规，为空间增添了许多乐趣。事实上，在软装的过程中，仍有许多需要突破传统的布局方式来创新。例如本应放置在钢琴房的吉他，采用突破性创新的方法挂在墙上，为客厅空间增添亮点。

（七）单色调表达式

在很多空间的陈列设计中，为了符合空间定位的风格，只能用同一个色系的元素进行整合设计。虽然是单色系，但是材质不同、叠放层次不同、位置不同，利用颜色来相互呼应衬托。单色系的设计应用，更纯粹地表达了空间意境。

（八）化整为散式

化整为散式的陈设手法可以增加视觉过程和印象视觉的逆向思维。整体统一的陈设看的多，会发现零散也是一种艺术。零散的元素之间相互呼应配合，有时优于元素的整体视觉感官效果。

第三章　现代软装设计的风格与常见元素

第一节　欧式风格设计与元素

随着社会文明的发展，欧式风格也经历了许多变化和改进，不仅保留了原有的设计元素，而且在不同时期加入了新的元素和技术。目前，欧式风格的设计体系非常庞大，包括建筑结构、建筑构件、装饰界面、陈设用品和装饰色彩等。

一、欧式风格概述

欧式风格是一种常见的室内设计风格，因其宽敞、大气、华丽而广受人们喜爱。在目前的室内设计和装修中，无论是在家居空间还是公共空间，都能经常看到欧式风格的身影。

欧式风格起源于古埃及、古希腊和古罗马。在漫长的岁月里，早期欧洲人逐渐建立起稳定的建筑和室内装饰风格，为之后欧洲丰富的设计风格奠定了坚实的基础，也为今天的人们树立了审美标准。

在设计上，可以将不同时期的欧式风格特点和元素进行综合整理。人们可以对某个时期的元素有特殊的偏好，也可以单独使用。

欧式风格以其流畅的线条、绚丽的色彩、浪漫的形式被众多设计师们喜爱。设计中常用的装饰材料有大理石、花岗岩和彩色多样的织物。整体风格豪华，充满强烈的动感效果。

二、欧式风格细分

欧洲不同国家在不同的历史时期有着不同的艺术倾向。每一种艺术倾向在色彩选择和软装饰元素上都有自己的特点，是一种独立的设计风格。因此，准确把握欧式风格的分支，也是设计师的必修课。

（一）古希腊风格

古希腊是欧洲文化的发祥地，古希腊建筑是欧洲建筑的先驱。雅典卫城是其建筑风格的典型代表。著名的帕特农神庙是其中的一部分。

根据帕特农神庙遗址，通过对古希腊的建筑风格进行分析，发现具有如下几个特点。

1. 黄金分割比例

黄金分割比（1∶1618）被公认为最美的结构比例，是古希腊雕塑和其他建筑作品的最佳标准。黄金分割比例来源于人体的比例（如肚脐到头部的长度与肚脐到脚底的长度之比），如图3-1-1所示。

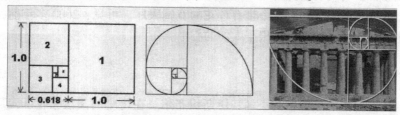

图 3-1-1　黄金分割比例示意

2. 优美的希腊柱式

希腊柱一般被称为罗马柱，柱式也来源于人体的比例，如图3-1-2所示。

图 3-1-2　从左至右分别是多立克柱式、爱奥尼克柱式、科林斯式柱式和
　　　　　女郎雕像柱式

建筑的双面坡屋顶形成了前后山花墙的特殊装饰方式，如圆形雕塑、高浮雕、浅浮雕等，成为一种独特的装饰艺术。雕塑是古希腊建筑的重要组成部分。它创造了一种完美的古希腊建筑艺术，使古希腊建筑更加神秘、更加高贵、更加完美、更加和谐。

（二）庞贝式风格

庞贝式风格起源于庞贝古城。这座历史悠久的古城位于意大利南部那不勒斯附近，维苏威火山西南脚下 10 公里处。它建于公元前 6 世纪，被火山爆发摧毁。正是在火山爆发的那一刻，整个庞贝城被火山灰掩埋，灿烂的古罗马庞贝文化得以保存。

庞贝时期的房间非常豪华，地板大多铺着大理石。精美的古罗马神话壁画和古罗马的银质餐具、器皿、铜镜、首饰、雕塑和七彩地砖等，无不诉说着古罗马文明的光辉和灿烂。除了高档的室内装饰外，还有典雅的壁画、池塘和庭院，还有一个带有莲花的宽阔大厅。可见，2000 多年前，家居生活的质量已经深深扎根于人们的心中。

（三）拜占庭风格

拜占庭指的是现在的土耳其伊斯坦布尔。在历史的滚滚车轮下，拜占庭文明最终被粉碎成碎片，然后融合成东西方古典艺术的抽象风格，应用到设计领域。

拜占庭风格体现了东西方文化交融形成的古老风格和奢华。在建筑设计上，拜占庭风格的特点是建筑中心圆顶、四边的发券、绚烂的色彩和华贵的花纹。当拜占庭风格用于室内设计时，设计的重点是改变和高度统一的色彩搭配和复古陈设，如图 3-1-3 所示。

无比尊贵的金、冷静睿智的黑、热情灵动的红和正义神圣的蓝延续了拜占庭艺术色彩美学。家具样式的设计将拜占庭时期的教堂拱窗、铜灯和繁杂蜿蜒的建筑线条等元素运用得淋漓尽致。陈设方面的设计

图 3-1-3　拜占庭风格装饰

无视东方和西方、古典和现代的边界，充满了拜占庭艺术对差异的包容。

（四）哥特式风格

哥特式风格是 13~15 世纪流行于欧洲的一种建筑风格，它通过卓越的建筑技艺表现神秘、哀婉、崇高的强烈情感，常被用在欧洲主教座堂、修道院、教堂、城堡、宫殿、会堂及部分私人住宅中。其显著的特征是在一根正方形或矩形平面四角的柱子上做双圆心骨架尖券及高耸的尖塔，大窗户及绘有圣经故事的花窗玻璃都十分具有代表性。在设计中，利用尖肋拱顶、飞扶壁和束柱营造出轻盈修长的飞天感。

（五）巴洛克风格

巴洛克风格盛行于 17 世纪的欧洲，并且在欧洲各地产生了非常深远的影响。巴洛克风格打破文艺复兴时代追求整体造型的思路，对造型进行夸张、扭曲的变形，重点强调线条的流动和变化等特点，利用繁多的造型装饰空间，力求达到庄重华丽、气势恢宏、富于动感的艺术境界。

（六）洛可可风格

洛可可风格起源于法国，成为巴洛克风格之后迅速传遍欧洲的一种艺术风格，是在巴洛克艺术基础上升华的结果。不同于巴洛克风格的装饰元素，以及体现奢华、雄伟、奔放的男性特征，洛可可风格柔和、细腻、轻盈。虽然欧洲国家的洛可可家具略有不同，但它们都以不对称的轻薄曲线而闻名。它们的特点是其曲折的贝壳形曲线和精致的雕刻、装饰，基于它们精致的外型曲线和弯脚，在吸收中国绘画技法的基础上，形成了兼具中国特色和欧洲特色的表面装饰技法，这是家具史上装饰艺术的最高成就，如图 3-1-4 所示。

图 3-1-4　洛可可风格装饰

（七）英伦风格

英伦风格实际上是
指起源于英国维多利亚时期的英式风格，具有自然、典雅、含蓄、高贵的
特点。

（1）英伦风格注重优雅、和谐，桃花心木是家具的常用材料。此外，
采用欧式线条和英伦风格的木质镶嵌图案，使空间显得沉稳、典雅，富有
浓郁的古典韵味。

（2）英伦风格大部分简洁、大方，色彩纯正、自然，注重空间布局的
对称美，再配上英式花卉或条纹，就可以展示出英式的味道了。

（3）在软装饰设计中，必须有英伦的代表性物品，如漂亮的格子、仿
古砖、英式胡桃木雕刻家具和油画等。

（八）法式风格

一提到法国，人们的脑海中立刻会涌现出慢生活、咖啡、普罗旺斯的
薰衣草、塞纳河、葡萄庄园、红酒……一幅幅唯美的画面让人心向往之，
法国的浪漫已经深入人心。

法式风格的显著特点如下：

（1）法式风格强调对称，通过精致的雕刻、法式的柱子和线条，凸显
法式空间的优雅和高贵。

（2）色彩搭配上采用和谐统一的色彩，如淡粉色、薄荷绿色、紫罗兰
色、法式蓝色等，配饰采用镀金和水晶材质，营造轻盈浪漫的法式空间。

（3）家具追求奢华和轻盈，卷草纹样的帷幔和窗帘的装饰功能突出。

（4）法式风格常被认为"脂粉气"过于厚重，这与其源于宫廷风格密
不可分。法式风格的室内装饰自然随意，常采用柔和优雅的女性化色彩如
藕粉色、灰绿色、鹅黄色、灰蓝色等。

图3-1-5法式风格提案的部分页面。

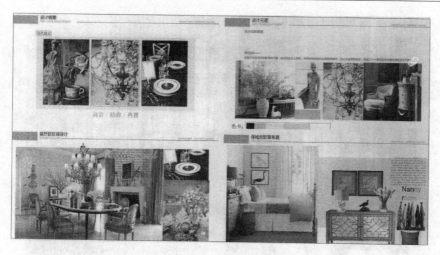

图3-1-5　法式风格设计（重庆信实公司设计作品）

（九）新古典主义风格

新古典主义风格起源于古罗马和古希腊艺术。胡桃木、桃花心木、椴木、乌木等是新古典主义时期常用的材料。常用的装饰形式有雕刻、镀金、镶嵌木、镶嵌陶瓷和金属。常见的装饰主题有玫瑰、水果、叶形、火炬、竖琴、壶、希腊柱头、狮身人面像、罗马神鹫、戴头盔的战士、环绕"N"字母的花环、月桂树、花束、丝带、蜜蜂及与战争有关的艺术品等。

新古典主义风格的家具整体协调，造型简洁，雕刻不太烦琐。它不采用巴洛克风格的图案和豪华的装饰，多采用简洁的图案和流畅的线条。家具表面多为平面，很少有漩涡面。其造型轻巧流畅，装饰简洁精致，令人赏心悦目。

（十）北欧风格

北欧风格分为三个不同的流派：瑞典设计、丹麦设计和芬兰现代设计。北欧风格崇尚简约，对后来的极简主义和后现代主义产生了深远的影响。在20世纪工业设计的大潮中，北欧风格的简约被推崇到了极致。北欧风格充满现代感，同时又有乡村风和自然风。

图 3-1-6 可用于北欧风格装饰的产品。

图 3-1-6　可用于北欧风格装饰的产品

北欧风格室内设计结构简单实用，没有过多的造型装饰。其原始石材表面及木纹暴露在外，将木材的柔和色彩、细密质感及天然纹理非常自然地融入家具设计之中，同时又充分体现出现代钢木结构在室内空间中的应用，达到了现代与古典相结合的效果。

图 3-1-7 所示为北欧风格室内设计。

图 3-1-7　北欧风格室内设计

（十一）田园风格

说到田园风格，大部分人可能会想到英式田园风格和美式田园风格。其实，田园风格是一种回归庄园对自然生活的向往和追求，力求表达休闲、舒适、自然的乡村生活情趣。从颜色上看，它倾向于自然色如绿色、蓝色等，而碎花布艺（或其他植物元素）和地毯是田园风格中常用的元素。

在田园风格的设计中，不同的风格都有其自身的特点。

1. 英式田园风格

英式田园风格的家具主要是白色的，如奶白色、乳白色、象牙白等，采用桦木、香樟木等木材做框架，造型典雅，细节精致。英式田园风格家居的特点主要体现在华美的布艺上，布面花色秀丽，大多有许多花卉图案，如图 3-1-8 所示。碎花、条纹、苏格兰图案是英式田园风格的永恒主调。

图 3-1-8　英式田园风格的设计

2. 美式田园风格

美式田园风格依然保留着美式风格成熟稳重的一贯特点。在选材上多倾向于坚硬、光挺、华丽的材质。美式田园风格突出清婉惬意的格调、休闲雅致的外观，色彩以淡雅的板岩色和古董白居多。

美式田园风格的家具通常线条简约，体积粗犷，颜色淡雅。它摒弃了烦琐与奢华，兼具古典主义的造型与新古典主义的功能，既简洁明快，又便于打理。

3. 法式田园风格

法国人轻松舒适的生活方式，使法式田园风格具有悠闲、小资、舒适、朴素以及充满生活气息的特点。

洗白处理和配色的大胆鲜艳是法式乡村风格最鲜明的特点。旧家具的油漆表现出古典家具意味深长的质感，黄、红、蓝的色彩搭配表现出丰富的空间景致，而简约的卷曲弧线和精致的装饰图案则体现出高雅的生活。图 3-1-9 为法式田园风格室内设计。

图 3-1-9　法式田园风格的设计

（设计师 Jimhe 作品，图片来源于建 E 网）

4. 中式田园风格

中式田园风格以黄色为主，木、石、藤、竹、织物等天然材料在空间中应用比较多，软装中常有藤制品、绿色盆栽、瓷器、陶器等摆设。软装陈设吸取传统装饰的特点，去掉多余的雕刻，更多追求的是"裤似"，以折射出传统文化内涵。

5. 南亚田园风格

南亚花园式家具比较粗糙，材质多为柚木、藤条和热带雨林特有的材料（如椰子壳）。通过造旧技术，它更像是热带雨林。同样，砖、陶、木、石、藤、竹是南亚园林风格的常见材料。面料以棉、麻等天然材料为主，其质感恰好与对乡村风格的追求不谋而合。

第二节　美式风格设计与元素

美式风格主要起源于 18 世纪。与欧式风格中的金色使用不同，美式风格倾向于使用木材本身的单色色调。大量的木质元素使美式家居给人一种自由休闲的感觉。在软装饰上，经常用来搭配古董艺术品，如翻卷的旧书、动物的金属雕像等，能呈现出深厚的文化艺术氛围，如图 3-2-1 所示。

图 3-2-1　美式风格家居

美式乡村风格的摆场需要各种繁复的装饰物、摆件、绿植、小碎花布等，家具常用实木、布艺和皮革材质，灯具多用铁艺及裸露的灯泡。饰品风格不一，体现出随性自由的异域风情，如图3-2-2中的地图装饰画，很好地诠释了这一点，并且色彩使用偏旧的复古调，与整体环境融洽。

图 3-2-2　美式乡村风格家居

　　为营造舒适、悠然、随意的生活气息，美式风格中常用饰品有鹿角、树根、玻璃瓶、风扇、仿旧漆的家具等。

　　美式风格客厅常用一些有历史感的元素，这不仅反映在装修上对各种仿古墙地砖、石材的偏爱和对各种仿旧工艺的追求，同时也反映在软装摆件上对仿古艺术品的喜爱。与美式客厅家具完美搭配的艺术品的选用必须凸显其特有的文化气息，如图3-2-3所示，空间中被翻卷边的古旧书籍、做旧的陶瓷花器、动物的金属雕像等。而一些复古做旧的实木相框、细麻材质抱枕、建筑图案的挂画等，都可以成为美式风格卧室中的主角。

图 3-2-3　美式风格客厅

　　雅各宾风格家具是美式乡村常用的家具类型。椅子腿和靠背是用旋木做的。方腿和圆腿是交错的，座椅表面低，座椅深度深，舒适度高。它完全符合这种风格的常用家具类型。在这种情况下，所有的自然色都被使用，暖黄色用于墙壁，桌旗和抱枕的图案与地毯相对应。小碎花也是乡村风格中常见的装饰元素之一。滴水观音和雏菊的点缀充满了自然的气息。

　　美式乡村风格的色彩搭配往往采用绿色、土黄色或棕色等自然色。不使用鲜艳的颜色。

　　美式家具一般体积感大，所以很舒服。木摇椅也是这种风格中常见的家具搭配。木拼花地板使它更具田园风格和自由气息。由于风格，特别是对自然的追求，这一空间的绿色彩绘墙极为抢眼和热门。小碎花的元素不仅可以用在织物上，也可以用在手绘墙壁上。

　　为配合美式风格，墙画选用了天然植物、花卉、鸟类、蝴蝶等二维图案。颜色接近自然，粉调适宜，不太艳丽（图 3-2-4、图 3-2-5）。

图 3-2-4　美式乡村风格的配色　　　　图 3-2-5　美式风格的家具

　　该空间的软装搭配属于典型的美式乡村风格设计案例。小碎花图案的壁纸、地毯和靠包，木质家具和护墙板及天花，棉麻布艺的软包家具，铁艺吊灯，室内绿植和条纹帘头的窗帘搭配。该空间层高较高，斜屋顶更是延伸了整体空间高度，因此铁艺吊灯需下垂到合适的高度以方便照明。

　　空间格局以壁炉为中心，采用中心对称式法则进行设计，但并不一定刻板地使用对称一致的家具款式，具体量感相和谐就好，营造出浓郁的家庭家居的生活氛围（图3-2-6）。

图 3-2-6　美式风格的设计

　　图 3-2-6 中的桌椅为典型的安妮女王式桌椅变形，造型美观，舒适度高。家具尽量采用松木、枫木，不雕花，保持原木的质感和纹理。天花板采用木饰面，纹理与地板纹理相对应，与铁吊灯相配。整体色彩以自然色为主，低沉稳重，营造出古朴的质感，表现出原始粗犷的美式乡村风格。

　　美式古典乡村风格具有浓郁的乡村气息，以享乐为最高原则。在面料和座椅的皮革上，它强调了舒适性，感觉松软。

　　粉嫩系列的布艺家具在丰富的自然采光下更加安静舒适。棉麻地毯迎合了乡村风格。整个颜色很浅，灰色的墙与各种颜色都搭配。抱枕和沙发布艺交织在一起，创造出你中有我、我中有你的视觉效果，使整体色彩符合和谐共存的感觉。场景中没有固体植物，但它是由悬挂的图片组成的，精致而巧妙（图3-2-7）。

图 3-2-7　美式古典乡村风格

　　整体空间颜色不宜过多，三种色调为宜，搭配黑白灰色系，创造舒适放松的田园生活环境。

　　布艺是美式家居的主要元素，多以本色的棉麻材质为主，上面往往描绘色彩鲜艳、体形较大的花朵图案，看上去充满一种自然和原始的感觉。各种繁复的花卉植物、靓丽的异域风情等图案也很受欢迎，体现了一种舒适和随意。美式风格窗帘的材质一般运用本色的棉麻，以营造自然、温馨的气息，与其他原木家具搭配，装饰效果更为出色。适合美式风格窗帘的纹饰元素有雄鹰、麦穗、小碎花等（图 3-2-8）。

图 3-2-8　美式家居设计

　　温莎椅常以美国乡村风格出现。与雅各宾家具一样，温莎椅也是由纺纱木材制成，做工精良，表面光滑。它因其操作性好、实用性强而广受欢迎。在餐厅铺地毯时，应注意椅子拉出后的尺寸应大于围起来的范围，以免椅子被拉出，一半在地毯内，一半在地毯外造成不稳定。

　　美式乡村的装饰画往往与充满生活气息或自然风光的静物画相搭配，营造出一种静谧轻松的生活氛围。

　　宽敞舒适的真皮沙发上堆满了各种面料的抱枕，营造出极为柔软舒适的氛围。两个软包坐凳组合成茶几，随意放置一个不同风味的相框。布灯罩和棉毛地毯，是追求自然田园生活在乡村风格中的基本体现。吊扇灯也是美式乡村风格的常见搭配元素。

　　木质、风扇、皮革、实木，是美式乡村风格中出现频率最高的搭配元素。

　　吧台与拱门结合的结构设计下，通过铁艺壁灯来营造气氛，使得吧台区域的灯光更加有层次。同时搭配精致的红色印花布艺吧椅，有别于传统全木结构吧椅，增添用餐情调。石英石的吧台更具实用性与美观性，既可作为两人简餐的台面，又可作为与餐厅互动小酌时的支撑面。

　　很多美式风格的设计中都会有吧台区域的设置，这不仅是身份的象征，也是实用功能上的需要。

　　在美式古典风格中，四柱床是非常有代表性的家具。它能够体现当时贵族的奢华品位，又展现精致秀气的柔美感觉。在卧室中加入这样的单品，能够把它与公共区域的气质区分开来，显得更加私密和宁静，选择黑色高光漆的表面处理，既能够和整体古典而华丽的风格相搭，也能体现出个性（图3-2-9）。

图 3-2-9　美式古典风格床的设计（一）

在浅色的空间中可以搭配深色的四柱床，以突出床的造型与气势；在深色的空间中应尽量搭配相近色系的床，便于营造空间的整体感（图 3-2-10）。

图 3-2-10　美式古典风格床的设计（二）

图 3-2-10 中的四柱床是美式大床。实木床脚和床柱，圆滑的弧线，精致的雕刻，精致典雅中隐藏着在高贵华丽的艺术氛围中。梳妆镜和装饰镜与同样大体积的抽屉梳妆台和衣柜相配，通常镶嵌在精致的镜框中，在

细节中表现出生活的意境。床上用品采用天然舒适的棉麻材料，床这一面的设计提供了一个温馨舒适的睡眠环境。

在美式乡村风格中，餐桌相当矮，而床和橱柜的尺寸都较高。由于床相对比较高，应注意床上用品的尺寸。

美式家具突出了木材本身的特点。其贴面一般采用复杂的薄片处理，使纹理本身成为一种装饰，在不同角度可以产生不同的光感。这使得美式家具比金色意大利家具更引人注目。

美式沙发通常是面料、皮革或两者的结合。正宗的美式真皮沙发经常使用铆钉技术。此外，还经常使用四柱床和五斗柜。

通常美式家具的颜色与地面颜色一样，都比较深沉，如果空间不是特别大，容易产生压抑感。然后用明亮的奶油黄色灯饰来照亮空间。奶油黄色能衬托出卧室的温馨气氛。精心挑选的田园窗帘与墙面颜色协调一致，再拼接一点芥末绿，显得自然、清新。

自然、怀旧散发着浓郁泥土芬芳的色彩是美式风格的典型特征。色调以暗棕色、土黄色、绿色、土褐色为主。

第三节　亚洲风格设计与元素

一、中式风格

（一）中式古典风格

1. 中式古典风格的特点

中式古典风格的传承不是简单的抄袭和延伸。中式家居建设是人们内在需求和愿望的归纳和表达，其内涵、精神是中华文明历史长期积淀的结果。中式古典风格的特点主要体现在室内布局、造型、线条、色彩和家具展示等方面。装饰元素吸收了传统建筑装饰风格，如藻井天棚、挂落、雀替的构成和装饰。明朝和清朝时期的家具的造型风格吸收了传统文化艺术中"形"与"神"的特点，包括木雕、绘画等大量精致复杂的内容。我们可以从许多中国模型中欣赏到一些传统文化或故事。

2. 古典中式风格的主要软装元素

（1）中式家具。

中式家具是体现中式风格的重要因素，主要有案、桌、椅、床、凳、屏风、架、柜等，如图3-3-1所示。

图3-3-1　中式家具（由装事儿科技供图）

（2）中式花板。

中式花板是将传统的中式建筑结构（如窗格、花罩等），通过创新设计应用到室内空间的装饰板。它主要有浮雕与镂空两种形式，形状以正方形、长方形、八角形和圆形居多，常用于隔断或墙面装饰。雕刻题材一般以福禄寿禧、事事如意等吉祥图案为主，也采用线条优美的几何拼图。

（3）字画。

在中式风格软装中，字画是用于表现书香气息的常见元素，常在书房、会议室或茶室等空间中运用。

（二）中式苏派风格

中式风格不仅在中国不同的历史时期呈现出不同的艺术气质，而且由于特殊的地域文化，在不同的地域逐渐形成不同的派别。中式苏派是其中的代表之一。

素雅是苏派风格的典型特征，它明显不同于中式风格在北方和中原所表达的金碧辉煌、富丽堂皇、气派张扬的皇家风格。苏州历来是个书香之地，重文化，轻军事。文士多，将军少，形成了苏派的风格。俗话说"相由心生"，室内软装饰设计也是如此。图3-3-2是由独立设计师徐鹏设计的苏派现代中式私人会所。

图 3-3-2　苏派设计（独立设计师徐鹏作品）

（三）新中式风格

在中华民族伟大复兴的大背景下，国人的民族意识和自我意识逐渐觉醒，"模仿"和"拷贝"已经不再是设计的主要手段。设计师开始从传统文化中汲取营养，运用现代的设计思维与方法创造出含蓄秀美的新中式风格。中式元素与现代材质的巧妙兼容，明清家具、花板（格）与布艺床品的交相辉映，再现了移步换景的精妙小品。

中国风并非完全意义上的复古，而是通过中式风格来表达对清雅含蓄、端庄丰华的东方式精神境界的追求，如图 3-3-3 所示。

图 3-3-3　山点水设计事务所作品——嘉德庄园案例

　　传统家具（多以明清家具为主）、字画、匾幅、挂屏、盆景、瓷器、古玩、屏风、博古架等元素依然是新中式软装设计中的主角。但这些元素更多的是追求"神似"，因而在造型上进行简化以符合现代人的审美情趣及适应现代化的生产工艺。新中式风格依然遵循着中式传统空间布局，展现出传统的美学精神和修身养性的生活境界。

（四）中式软装设计实践

　　中式设计注重传达意境和态度。中式设计是由内而外的，其外在形式必须具有丰富的内涵。接下来，将通过一个设计案例，引导大家了解中式软装饰设计的思维过程。

　　本方案由重庆汉邦设计公司的罗玉洪先生设计，注重创意的表达和创意衍生的中国意境。

　　首先，对绿茶历史进行了简单的界定，以展现绿茶深厚的历史感和悠久的文化底蕴。同时，将抽象的概念转化为具体的设计元素和材料。

1. 介绍绿茶的历史性及文化底蕴

　　中国是世界上第一个发现和使用茶树的国家。《神农本草经》记载："神农尝百草，日遇七十二毒，得茶而解之。"此外，巴蜀地区也有茶贡的记载。

　　绿茶是历史上最早的茶。古人至少在几千年前开始采集和干燥野生茶树的花蕾，从广义上可以说是绿茶加工的开始。

2. 绿茶的健康、环保生态和天然养生的分析

　　采集绿茶新叶，经杀青、揉搓、干燥，不经发酵。具有清汤绿、味觉收敛性强的特点。

　　绿茶能提神醒脑，清热解暑，祛食祛痰，祛湿消瘦，促进体液解渴，消炎降火，解毒醒酒。对心血管疾病和癌症有一定的药理作用，是其他茶叶所不能比拟的。

3. 推演出方案的主题色彩与材质

　　通过五行学说推演出方案的主题色彩与材质，以增加文化积淀，如图3-3-4所示。

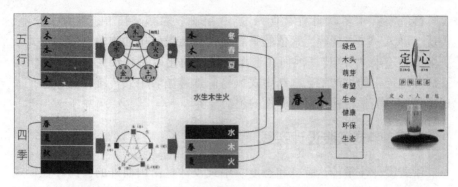

图 3-3-4　五行学说与主题的关系

4. 展示方案的色彩比例与主要材质

　　方案中对茶空间所采用的主要材质进行了展示，据以体现环保、生态的概念，如图 3-3-5 所示。

图 3-3-5　材质展示

5. 作出设计方案意象图

　　在前文分析的基础上，做出设计方案意向图，作为实施过程中的依据与指导。该方案为原创设计，本身没有复制和参考，其核心是基于思想的差异。

　　室外：简约大气，竖条形的灵感来源于竹，色调使用原木色，以体现生态、天然、环保、绿色、健康的设计理念，如图 3-3-6 所示。

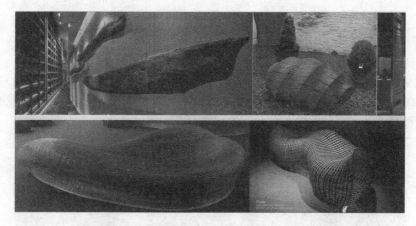

图 3-3-6　木艺元素

二、日式风格

日式室内设计简约自然，追求高雅节制，深沉禅意。原木、竹子、藤、麻等天然材料是日式建筑常用的材料。

日式家居强调自然色彩的静谧和造型线条的简约，通常采用"枯山水"和古色古香的和风面料来恰当地表达静谧而遥远的禅意。

米色、白色和原木色是日式风格的典型颜色组合。日式传统家具主要是古朴、典雅。原木色家具与日式家具的搭配营造出轻松舒适的氛围，如图 3-3-7 所示。

图 3-3-7　员方瑜伽（主创设计黄灿，参与设计汪骏）

三、东南亚风格

东南亚风格源于热带雨林的自然之美，加上东南亚强烈的民族特色、斑斓高贵的色彩，受到众多人的喜爱。图 3-3-8 所示为东南亚风格的元素。

图 3-3-8　东南亚风格元素

东南亚风格最重要的两个特点是以自然为基础，色彩丰富。原木、竹、藤、椰皮等天然材料，线条简洁流畅，表现出禅意淳朴。热带气候闷热、潮湿、阴沉，所以在软装的设计中采用了夸张的手法，绚丽的色彩，以打破视觉上的沉闷感。当然，这些颜色都来自东南亚独特的热带雨林特色，如金黄的沙滩、碧绿的椰树、湛蓝的天空……

东南亚独特的装饰大大增加了它的魅力。明黄色、果绿、粉色、粉紫色等颜色鲜艳的靠垫或抱枕与原木色家具相配。此外，纯手工制作的竹、藤工艺品用麻绳或草编花篮装饰，使整个空间显得朴素而高贵。

东南亚风格具有以下特点。

（1）主要材料是柚木和其他实木。藤编在家具中很常见。常用的装饰品和材料有泰国枕头、砂岩、黄铜、青铜、木梁和落窗。

（2）东南亚风格的窗帘面料颜色比较深，颜色也比较艳丽。

（3）东南亚风格饰品自然、清新。

第四章 现代软装设计的色彩应用与灯具设置

第一节 室内装饰的色彩搭配

一、对比色搭配

如果想表达开放、强大、自信、果断、动感、年轻、刺激、饱满、华丽、明亮、醒目等空间设计主题，可以使用对比色，如红色和蓝色、黄色和绿色。对比色配色的本质是冷色与暖色的对比。一般来说，色相环上150°~180°的配色视觉效果比较强。在同一空间，对比色可以营造出冲击效果，使房间个性更加鲜明，但不能同时大规模使用（图4-1-1、图4-1-2）。

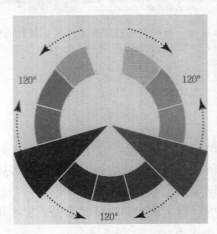

图4-1-1 红色和蓝色、黄色和绿色的对比色

图4-1-2 黄绿色与紫红色形成一组对比色

二、互补色的搭配

　　用色差最大的两种对比色来搭配颜色，这会让人印象深刻。因为互补色之间的对比度相当强，所以要想正确使用互补色，就必须考虑颜色的比例。因此，在使用互补色匹配时，必须使用一种大面积的颜色和另一种小面积的互补色来达到平衡。如果两种颜色的比例相同，对比度就会太强。例如，如果红色和绿色在画面上占据同样面积的区域，很容易让人头晕。可以选择其中一种颜色占据一个大的区域形成主调色板，另一种颜色占据一个小的区域作为对比色。一般按 3 ∶ 7 甚至 2 ∶ 8 的比例分配。适当使用天然木材颜色，或者使黑色或白色混合（图 4-1-3、图 4-1-4）。

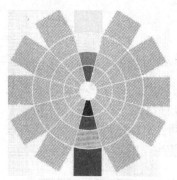 

图 4-1-3　色差最大的对比　　　图 4-1-4　运用互补色组合要控制好彼此间的
　　　　　　　　　　　　　　　　　　　　　　　　比例问题

三、双重互补色搭配

　　双重互补色调有两组对比色同时运用，采用四个颜色，对比配色的房间可能会造成混乱，可以通过一定的技巧进行组合尝试，使其达到多样化的效果。对大面积的房间来说，为增加其色彩变化，使用补色是一个很好的选择。使用时也应注意两种对比中应有主次，对小房间来说更应把其中之一作为重点处理（图 4-1-5、图 4-1-6）。

图 4-1-5 双重互补色调　　图 4-1-6 蓝与黄、红与绿的双重互补色组合

四、邻近色搭配

邻近色是最容易运用的一种色彩方案，也是目前最大众化和深受人们喜爱的一种色调，一方面要把握好两种色彩的和谐，另一方面又要使两种颜色在纯度和明度上有所区别，使之互相融合。一种为主，另一种或几种为辅，如黄与绿，黄与橙，红与紫等（图 4-1-7、图 4-1-8）。

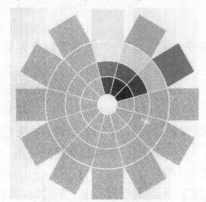

图 4-1-7 邻近色的组合　　图 4-1-8 邻近色比起同类色搭
　　　　　　　　　　　　　　　　　配更具层次变化

五、同类色搭配

属于同一色调、不同纯度的颜色组合，称之为同色系搭配，如湛蓝色与淡蓝色搭配。这样的色彩搭配具有统一、和谐的感觉。在空间配置上，与色彩系统的搭配是最安全、最可接受的方式。同一色彩体系中深度变化

以及所呈现的空间场景的深度和层次，使整体呈现出和谐一致的融合之美。当然，同色系的配色也很重要，同色系配色规则也需要遵循。

相似颜色的组合可以创造一个平静而舒适的环境，但这并不意味着其他颜色不在同一颜色组合中使用。需要注意的是，过于强调单一色调的协调，缺乏必要的修饰，容易导致视觉疲劳（图 4-1-9、图 4-1-10）。

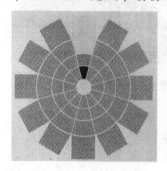

图 4-1-9　同类色的搭配

图 4-1-10　同色系中适当加入其他点缀色可以避免空间的单调感

六、无色系搭配

黑色、白色、灰色、金色和银色是中性色。它们主要用于混合颜色和突出显示其他颜色。其中，金色和银色可以与任何颜色搭配。当然，金不配黄，银不含灰白色。有颜色是活跃的，但没有颜色是稳定的。这两种颜色可以搭配在一起，达到很好的效果。房间的装饰有许多黑、白、灰相间的东西。把它们和彩色物品放在一起很有趣，而且具有现代感。在无色系中，只有白色可以大面积使用，而黑色只能在高色差中间的小面积使用，这使得整个房间显得跳跃而耀眼，取得非凡的效果（图 4-1-11、图 4-1-12）。

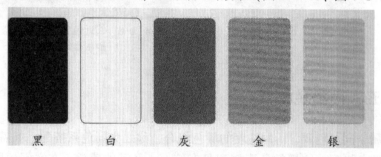

黑　　　白　　　灰　　　金　　　银

图 4-1-11　无色系

图 4-1-12　黑白色的运用给人以现代感

七、自然色搭配

　　自然色泛指中间色，是所有色彩中弹性最大的颜色。中间色皆来源于大自然中的事物，如树木、花草、山石、泥沙、矿物，甚至是枯枝败叶。在色彩的吸纳上，从棕色、褐色、灰色、米色到象牙、墨绿都有；在材质的显现上，包括现代理性的石材地面，原始朴拙的亚麻织品，以及高贵雅致的皮革沙发等，总是令人感到舒服。总之，自然色是室内色彩应用之首选，不论硬装修还是软装饰几乎都可以自然色为基调，再加以其他色彩、材质的搭配，会得到很好的效果（图 4-1-13、图 4-1-14）。

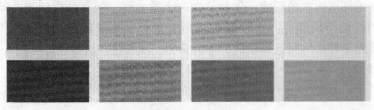

图 4-1-13　自然色

图 4-1-14　自然色搭配给人以质朴自然的视觉感受

第二节　空间细节调整的配色要点

一、墙面配色要点

墙在家居空间环境中起着最重要的衬托作用。在色彩搭配上，要注重与家具色彩的协调和对比。一般来说，浅色家具的墙面颜色应与家具相近；深色家具的墙面颜色应直接采用浅灰色。

一般来说，墙面不宜使用过于鲜艳的颜色，通常中性的颜色是最常见的，如米白色、奶白色、浅紫灰色等颜色。此外，墙面颜色的选择还应考虑温度等环境因素的影响。例如，在一个柔光好、明亮的房间里，墙壁应该是中性偏冷的颜色。这种颜色包括青灰色、浅蓝灰色、浅绿色等；阴暗、采光不好的房间选择暖色，如乳黄色、浅粉色、浅橙色等（图 4-2-1、图 4-2-2）。

图 4-2-1　墙面与家具的色彩搭配　　图 4-2-2　温馨淡雅的彩色系是应用
　　　　　和谐　　　　　　　　　　　　　　　最广的墙面色彩

二、地面配色要点

地面色彩应考虑地板、地毯和地面上所有家具的颜色。地板的颜色通常接近家具或墙壁的颜色，亮度较低，以获得稳定感。

室内地面颜色应结合室内房间的尺寸和地面材料的质地考虑。有些人认为，地面颜色要重于墙面，对于那些宽敞明亮的房屋来说，这是一个合理的选择。但在狭小的房间里，如果底色太深，会使房间更窄，所以在这种情况下，我们应该注意地面颜色应该有更高的明度（图 4-2-3）。

图 4-2-3　采光良好的大空间中地面颜色应比墙面更深

三、家具配色要点

空间中除了墙、地、顶面之外，家具的颜色面积最大了，整体配色效果主要是由这些大块色彩面积组合在一起形成的，孤立地考虑哪个颜色都不妥当。家具颜色的选择，自由度相对较小，而墙面颜色的选择则有无穷的可能性。所以先确定家具之后，可以根据配色规律来斟酌墙、地面的颜色，甚至包括窗帘、工艺饰品的颜色也由此来展开。有时候一套让人喜爱的家具，还能提供特别的配色灵感，并能以此形成喜爱的配色印象（图4-2-4、图4-2-5）。

图4-2-4　沙发的色彩通常是客厅空间的主体色　　　图4-2-5　由家具色彩展开空间的整体配色方案

四、窗帘配色要点

适当的窗帘颜色可以与整个家居环境融为一体，强化房间的风格；相反，会使房间显得杂乱无章，缺乏美感。窗帘的颜色可以选择与墙面相同的颜色或对比色，也可以将家具和布艺的颜色延伸到窗帘和灯具上。如果房间家具的颜色较深，可以在选择布艺时选择较浅的颜色体系。颜色不要太浓、太亮。选择与家具同色的窗帘是最稳妥的方式，以形成更为平和的视觉效果。当然，家具的装饰色彩也可以作为窗帘的主色调，从而创造出灵活而活跃的空间氛围。

五、装饰画配色要点

一般来说，装饰画的主色调和墙面的颜色应该属于同一个色彩体系，以显示和谐。但同时，装饰中最好能有一些墙面色彩的补充作为装饰。所谓补色，就是色环上180°的对比色，如蓝色和橙色、紫色和黄色、红色和绿色等。

第三节　灯光的照明设计与灯具选择

一、灯具的分类

根据安装方法的不同，室内照明灯可分为吊灯、落地灯、吸顶灯、台灯、壁灯、嵌顶灯（筒灯）、轨道射灯和特效灯；从灯的主要材料的角度来看，它们可以分为玻璃灯、大理石灯、水晶灯、布艺灯、铜灯、陶瓷灯等；根据灯的样式，可以简单地分为四种样式：欧式、中式、自然式和现代式。

（一）按灯饰不同安装方式进行分类

1. 吊灯

吊灯是一种吊在天花板上的灯，它是最常用的直接照明灯具，通常在公共场所使用，例如大厅、客厅、接待厅、宴会厅等，也是一种重要的家具，可以衬托出室内高雅和华贵的氛围。吊灯的样式应与室内整体设计风格相协调。例如，欧洲风格的室内空间应使用形状复杂、做工精美的水晶吊灯，以展现室内的豪华风格；自然风格的室内空间应使用由木材和藤条等天然材料制成的灯来体现自然氛围。

2. 落地灯

落地灯是放在地面上的灯，可以随意移动。落地灯通常放在沙发的一角，它不仅可以近距离照明，还起到营造室内氛围的作用，常用于室内角落的氛围营造，光线柔和、温暖、浪漫。直接向下投射照明的落地灯，则适用于如阅读等需要集中注意力的活动。如果是间接照明，则可以调整整体光线的变化。落地灯灯罩的底部应比地面高 1.5m 以上。

3. 吸顶灯

吸顶灯是安装在天花板上的一种灯具，光线向上，通过天花板的反射间接照亮室内。吸顶灯主要有白炽灯吸顶灯和荧光灯吸顶灯，其特征在于使天花板变亮，在空间顶部形成亮度感，在视觉上增加高度，并防止直接照明引起的眩光。吸顶灯的选择应根据照明要求、天花板结构和美学要求综合考虑。它的形状、布局、组合方法、颜色和材料相对丰富，选择范围广。

4. 台灯

台灯是放置在书桌或咖啡桌上的灯，用于辅助照明或装饰。它占用的空间很小，简洁大方，设计巧妙。台灯一般分为两种，一种是立式，一种是夹置式。它可以将光线集中在一个很小的区域，方便工作和学习，也可以营造出一种室内氛围。普通台灯使用的灯泡是白炽灯或节能灯泡，某些台灯还具有"应急功能"，其自身的电源在停电时用于应急照明。

5. 壁灯

壁灯是一种安装在墙上的灯，用于辅助照明。因为它离地面不高，照明功能较弱，所以通常使用低功率灯泡。壁灯本身的高度为450~800mm，而小灯的高度为275~450mm。壁灯有两种类型：悬臂式和固定式。悬臂式壁灯和墙壁之间的连接件可以自由拉伸和调节，固定式壁灯则被固定于墙上，不能自由调节高度和活动空间。

6. 嵌顶灯

嵌顶灯也称为筒灯，是指嵌入天花板的隐藏灯，其最大的特点是可以保持天花板装饰的完整性，并避免由于安装了灯具而破坏吊顶的完整性。嵌顶灯属于直接照明，其光线都向下投射，并且可以利用不同的反射器、透镜、百叶窗和灯泡来制造多种多样的光线效果。嵌顶灯主要的作用是烘托氛围，减轻空间压迫感，营造出一种柔和、温暖的感觉，可以安装多个筒灯或将其与其他灯一起使用。

7. 轨道射灯

轨道射灯是一种安装在固定轨道上的照明器，用于局部重点照明。光谱纯净，接近自然光，环保节能。其射灯的灯光集中在一条直线上，可以用来突出某个部分，强调物体或局部空间，装饰效果明显。射灯上装有反射能力很强的反光罩，只要约10瓦的功率可以产生很好的照明效果。使用不同颜色的灯泡，可以产生出不同的灯光颜色，制造丰富的投影效果。它还可以根据不同场合的要求，灵活地调整照明的角度和强度，制造出丰富的效果。

8. 特色效果灯

特色效果灯在光源和被照射物体之间安装了特殊的透镜，以产生各种图案或颜色来表现特殊的照明效果。这种灯通常用于营造特殊的空间氛围并形成独特的怪诞照明效果，广泛用于娱乐场所，例如舞厅和酒吧。

（二）按材料不同进行分类

从灯的主体所用材质看，可以分为玻璃灯、云石灯、水晶灯、布艺灯、铜制灯、陶瓷灯等。由于选材的不同，各种灯也存在明显不同的特点。

1. 云石灯

云石灯是用云石材料制成的灯。云石灯具有更好的透光率，打开时可以清晰地看到石材灯罩上的自然花纹，更加美观。云石灯具有自然的质感，可以表现出一种自然纯朴的趣味，给人一种安静而简单的感觉。

2. 水晶灯

水晶灯主要由加工过的水晶制成，其灯臂主要由玻璃、亚克力、金属等制成。水晶灯样式繁多，华丽高贵，但保养和维护却很麻烦。例如，长时间使用，亚克力制成的灯臂易于发黄变色；玻璃制成的灯臂易碎；镀铬金属易于氧化变色。铜灯臂使用时间长，不易氧化变色。

3. 蜡烛灯

蜡烛灯，也就是新型无烟蜡烛灯，一种外形类似于蜡烛的灯具，内置节能灯泡。有着类似于蜡烛的黄色柔光，给人一种温馨浪漫的感觉，但不会产生烟或致癌物，因此较为绿色环保。

4. 布艺灯

布艺灯也称为蕾丝灯。它通常由铁制框架作为支撑，形成各种形状，然后在上面覆盖各种织物，并配有精美的刺绣和花边形状，看上去颇有情调。由于采用了阻燃处理，所以灯上的布可以耐高温。

5. 陶瓷灯

陶瓷灯不仅耐高温，也具备吸光吸热的特点。由于采用的是薄坯陶瓷，透光性好，清洁方便，瓷胎洁白，透亮、朦胧的灯光中透露出淡淡的诗意。

6. 铜制灯

铜本身质感十分厚重，用作家居装饰，有一种古典、高雅的美，在欧洲古典家居、高级俱乐部和会所设计中，铜制吊灯可以表现尊贵的气质和浓浓的文艺气息。铜制的花线纹样造型，配上精致典雅的灯罩，再加上温和的灯光，在低调中透露出尊贵和奢华。

（三）按风格不同进行分类

室内灯饰的风格体现在灯具的造型、材质和色彩上。室内灯饰风格可以简单分为现代风格、欧式风格、田园风格和中式风格四种。它们在造型、材质和色彩上有着不同的特点。灯饰的选择要与室内空间的整体风格和氛围相统一，才能给人以美的享受。

1. 现代风格

现代风格指的是一种工业社会风格，它崇尚的是简约、独特、新颖的设计理念，常用的材料是铝、不锈钢和具有金属质感的玻璃，符合现代人对个性、另类的追求和简单的生活方式。因此，现代风格灯具的最大特点是简约和追求时尚，其外形往往简单、注重线条感，并且颜色大多是白色和金属色。

丹麦设计师汉宁森设计的"PH"灯，是最具代表性的现代风格灯具，"PH"灯外形由一层层的反光板组成，形似松果，这样灯泡就完全被灯体覆盖，真正的光源被遮盖，以防止眩光刺激眼睛，每个光经过多次反射后会散射开，从而形成漫反射、折射和直接照明三种不同的照明效果，从而产生柔和的氛围和美妙的视觉效果。"PH"灯体现了现代设计的基本原理，兼具功能性与艺术性。

2. 欧式风格

欧式灯具的显著特点是纷繁的色彩、华丽的装饰、精致的造型，有一种富丽豪华的感觉。普遍运用各种镶嵌物、雕花、刻金等装饰加工，突显精雕细琢，充满欧洲古典人文气息和贵族品位。从材料的角度来看，欧式照明材料主要是树脂、铜和铁，经常采用镀金等工艺。其中，树脂灯具有各种形状和图案，粘贴金箔和银箔，彰显鲜艳的色彩和华丽的风格。铜、铁等材料的灯具造型相对简单、沉稳。

欧式风格的灯饰可以被分为哥特式、巴洛克式和洛可可式三种。

（1）哥特式：是一种带有基督教色彩的风格，整体颜色偏暗，给人感觉空灵、虚幻、神秘。比较有代表性的哥特式灯具有造型高耸锋利的蜡烛灯以及云石灯。图案多用叶子、怪兽、花结等，图案风格轻盈美观。

（2）巴洛克式：浪漫、繁复、夸张是巴洛克艺术的主要特点。巴洛克灯具造型较为繁复，多用曲线，色彩浓重，常以金色、暗红等为主色调，常见的图案有涡卷饰、人形柱、喷泉、水池等。整体感觉气势恢宏、充满激情。

（3）洛可可式：梦幻浪漫的水晶灯、蜡烛灯是首要选择。装饰母体有贝壳、卷涡、水草等，取之自然，超乎自然。造型精致细巧，圆润流畅，多使用鲜艳娇嫩的颜色，如金、白、粉红、粉绿等，体现出华丽、纤巧、烦琐的靡丽之风。

3. 中式风格

中式风格简约、自然，有浓厚的人文气息。其室内灯饰多以镂空雕刻的木材为主要材料，色彩则为中式家具常用的大红色或棕色。中式灯饰可分为纯中式和简中式之分。纯中式就是纯粹的中式古典装饰风格，讲究典雅、庄重、富贵；简中式则是将中式风格元素融入现代工艺与材料，具备一定的现代感。

中式风格的灯饰常见的有以下几种。

（1）灯笼：又称灯彩，从种类上有宫灯、纱灯、纸灯等。是一种历史悠久的中国灯饰，起源于西汉时期，每年的农历正月十五元宵节前后，人们就会挂起各式各样的灯笼烘托节日的气氛。灯笼是一种具有极高艺术性的装饰物，经过漫长的发展，灯笼制作结合了绘画艺术、剪纸、纸扎、刺缝等技术，工艺水平十分高超且种类丰富。

（2）羊皮灯：在远古时代，草原上的人们利用薄羊皮来包裹油灯，不仅透光性好，还可以保护火苗免受风吹雨打。现在，人们使用质地类似于羊皮的羊皮纸制成灯具。羊皮灯大多为圆形和方形。一般圆形灯是装饰灯，起到烘托氛围的作用；方形灯主要是吸顶灯，外围装有各种围栏和图形，十分典雅、别致。它具有柔和的灯光、温暖的色彩、优美的造型，显得古色古香又富有个性。

4. 田园风格

田园风格反映的是现代人渴望回归自然、远离都市的理想，在近年来受到人们的推崇。这种风格强调"自然美"，在材料、色彩的选择上都力图接近自然，甚至追求一种粗糙、原始、半加工的感觉，营造出足够的自然风格。用料常采用陶、木、石、藤、竹等天然材料，质感粗犷，造型朴实，尽量不带有人工雕琢的痕迹。

鸟巢灯是一种代表性的田园风格灯饰：选取自然界的鸟巢作为其外形，用铝丝或者藤条编制成灯架，灯泡就是鸟巢中的"鸟蛋"，有一种十足的自然趣味。其灯光从缝中射出，不同的角度有不同的景象，给人以若隐若现、光影斑驳之感，制造出动人视觉效果。

二、灯光设计

在软装饰设计中，不仅要选择灯具，还要对电光源的种类、光的表现形式、光的氛围营造有深刻的认识。

（一）电光源的类型

室内常用的电光源有白炽灯、节能灯、卤素灯、LED 灯和荧光灯等，每种光源都有不同的特点，应根据使用空间选择。

1. 白炽灯

白炽灯是一种色温较低的光源，因此常用于弱光的灯具，以营造温暖的氛围，如台灯、壁灯、落地灯等，如图 4-3-1 所示。

图 4-3-1　营造温馨氛围的灯具

2. 节能灯

节能灯又称为省电灯泡、电子灯泡、紧凑型荧光灯或一体式荧光灯，因其发光效率高而得名。节能灯一般用在照明度要求比较高的办公室、商业会场，如图 4-3-2 所示。

图 4-3-2　灯光设计（重庆汉邦设计罗玉洪作品）

3. 卤素射灯

卤素灯又叫作钨卤灯和石英灯，是接近白炽灯光源性能的灯。它的电能很大一部分转化为热能，发光效率低。它属于低色温光源，一般用于低照度环境。卤素灯的原理是将碘、溴等卤素气体注入灯泡。在高温下，升华钨丝与卤素发生反应，冷却后的钨丝再在钨丝上凝固，形成一个平衡循环，避免钨丝过早断裂。因此，卤素灯泡比白炽灯更耐用，通常用于需要关键照明的区域。

（二）灯光的表现形式

灯具的选择和照明形式因空间而异。不同的空间有其特定的氛围，因此要进行照明设计，必须掌握照明方法和空间属性。

根据《建筑照明设计标准》（GB 50034—2013），照明表现形式分为一般照明、分区一般照明、局部照明、重点照明和混合照明五种。

1. 一般照明

一般照明主要用于解决功能性照明，也就是主要满足室内照明，较少考虑局部氛围。一般照明由多个均匀布置的照明灯具组成，可为室内提供更好的亮度分布和照明均匀度。一般照明主要用于照度分布均匀的办公和阅读环境或照度要求较高的室内空间，如酒店大堂的综合服务台、商场、书店、教室、机场等。

2. 局部照明

局部照明主要是用于满足局部的照明需要，如阅读用的床头灯、书桌上的台灯、落地灯和梳妆台的镜前灯等都属于局部照明。局部照明一般用在整体照度要求不同的室内空间，可针对需要提高照度的局部区域来进行设置。

3. 重点照明

重点照明是用于强调某一特定陈设或区域的照明，具有较强的指向性与装饰性，如特定的建筑元素、藏品、挂画、装饰品及艺术品等。图4-3-3所示墙面的重点照明采用由地面向墙面投射的方式，灯光在从地面向上延伸的过程中由强而弱，中间的装置没有单独给光，最终得到特别的剪影视觉效果。

图4-3-3　重点照明设计（天坊室内设计公司张清平作品）

4. 混合照明

混合照明是由各种照明方式混合组成的照明方式。这种照明方式可根据室内空间的需要进行调光，同时通过局部照明突出室内空间的某种氛围。图4-3-4所示的主灯具有很强的装饰效果，是整个空间的视觉中心，使空间具有强烈的艺术感染力；同时通过射灯对墙面或地面打出一些局部照明，使空间的光线有明暗起伏。下方壁炉的红光，又使沙发区域散发出家的温暖。

图4-3-4　混合照明设计（天坊室内设计公司张清平作品）

（三）灯光氛围的营造

通过对灯光进行调节，可以为室内空间创造特定的氛围和情调。不同的空间对氛围有不同的要求，这就要求设计师通过不同的灯具、不同的照明方式或不同的照明形式进行设计。要准确营造氛围，首先要准确理解空间主题。氛围与空间风格、空间使用性质、设计主题、业主个人喜好、节日和季节均有一定关系。室内空间的氛围主要取决于材料、色彩、造型和照明，其中照明是营造氛围的核心因素。只有合理的设计才能使空间具有美感。

1. 安静氛围照明

图 4-3-5 是杭州某餐厅的灯光设计。为了体现出安静的氛围，整个空间不采用一般照明，而主要是局部照明，如左图中备餐柜上陈设的青花瓷台灯、餐桌顶空的射灯等。这些照明设备使空间显得非常静谧。

图 4-3-5　局部照明

注意图 4-3-6 中的左图、右图中的灯之间的差异。两组灯光的焦点是同一种花卉艺术，它们传达着同一个主题——"静谧"，却表现出完全不同的个性。百合花上的灯光使白百合越来越白，而枯荷的灯光主要是在背景墙上。墙上荷叶形成的阴影和花朵的轮廓非常清晰，一股强烈的禅意跃然而出。

图 4-3-6　灯光打在花艺上

2. 浪漫氛围照明

浪漫氛围的灯光特征是柔和的灯光和自然的过渡。如图 4-3-7 为卧室没有使用传统的吊灯或吊灯作为主要照明源，而是通过顶部的射灯创造出光影起伏的效果。墙上的壁灯和床头柜台灯使光线自上而下自然柔和，气氛浪漫而富有感情。

图 4-3-7　浪漫氛围照明（重庆汉邦设计罗玉洪作品）

3. 温馨氛围照明

温暖的氛围通常以色温低、照度低的照明为主，一般照明仅在必要时备用，或不设置。对于营造氛围来说，灯具的材质和造型是十分重要的。

4. 轻松氛围照明

现代社会的快节奏生活使人们喜欢轻松、休闲的环境。轻松氛围照明广泛应用于家居、咖啡厅、餐厅、茶馆等空间

5. 快乐氛围照明

节日最能体现快乐氛围，且每个节日都有其明确的色彩及相关元素的指向。图 4-3-8 所示为圣诞节的室内照明，红、白、绿为其固定色彩。为了突出节日气氛，灯光的安排采用分散式布局，用大量照度极低的 LED 灯装点室内空间。

图4-3-8　圣诞节氛围照明

图4-3-9所示为万圣节的室内照明。橙色与黑色是万圣节的传统色，现代的万圣节为了渲染节日气氛也大量使用紫色、绿色和红色。南瓜、稻草人等表现秋天的元素成为万圣节的象征性物品。

图4-3-9　万圣节氛围照明

三、不同空间的灯具选择

空间不同，作用不同，软装饰设计师需要了解业主的生活方式，并结合空间的风格和功能，借助灯光营造适宜的空间氛围。

（一）玄关的灯具选择

玄关或门厅位于家居空间的入口处，决定了整个空间的第一印象。虽然空间不大，但很重要。一个好的玄关设计往往能让人眼前一亮。玄关的设计要温馨而舒适，帮助主人消除疲劳，让来访者有宾至如归的感觉。

玄关的照明可参照图4-3-10中的照明方式，射灯可安装在顶部以照亮关键的软装饰元素（如玄关柜上的装饰画或装饰品），而不是安装在顶部中心的铜灯照亮地面。要注意突出照明要点，做到一目了然。

图 4-3-10　玄关照明（深圳市臻品设计顾问有限公司作品，主案设计师姚楷）

（二）客厅的灯光设计

客厅是全家人共同活动、交流的地方，也是接待客人的地方。因此，应保证照度达到相关标准。面积较大的客厅一般采用多头吊灯或吸顶灯为主。大型灯具具有很强的装饰功能，所以在选择上非常有讲究。

客厅照明设计分为功能照明和装饰照明。功能照明主要用于解决空间照明问题，并通过灯具的造型进一步营造整体空间风格。装饰照明主要用来烘托气氛。壁灯、台灯、落地灯、射灯可理解为装饰性照明。

大户型的客厅通常属于共享空间，因此灯具的选择更加重要。灯具的尺寸和样式必须与整体空间相匹配。这种空间一般采用多层吊灯来体现大气和奢华。

（三）餐厅的灯具选择

餐厅必须配备高显色性的光源，能清晰、准确地代表食物的颜色；使用暖色光源，可以使人们的食欲增强。在高照度的西餐厅，也可采用白光作为主照明，辅以暖光源，烘托就餐氛围。图4-3-11所示的餐厅利用温暖的光线来衬托就餐氛围，桌上绿色的水生植物使餐厅充满生机。当然，也可以在餐桌上放几个烛台，让空间更温馨。

图4-3-11　秘密花园梦想成真（张馨作品）

餐厅灯具一般以吊灯为主，而且一定要有灯罩，尽可能避免人眼直视灯泡。吊灯悬挂的高度不宜太高，否则会影响聚光，一般以不遮挡人的视线为宜。这样既可以很好地展示灯具，又能减少光能的衰减，从而达到更好的照明效果，烘托出温馨的就餐氛围。

（四）书房的灯具选择

书房是家居中用于工作、学习和阅读的空间，照度一般要求达到300勒克斯以上，但高照度的照明一般直接用在阅读的局部区域。书房灯具可以选用台灯、落地灯或加长的吊灯。

如果书房只有吊灯和台灯，那么吊灯必须设置为可调光的。因为在使用电脑时不能把所有的灯都关掉，否则电脑屏幕和周围环境的强烈对比很容易让眼睛疲劳。因为在书房中，集中使用眼睛的时间相对较多，所以书房"氛围灯"就显得更加重要。

（五）卧室的灯具选择

卧室是人们一生中停留时间最长的地方。其照明要求相对较低，可削弱照明功能。更强调空间的舒适性，以缓解工作日带来的疲劳。图4-3-12所示的卧室灯不采用传统的吊灯设计，而是采用漫反射间接照明。床头柜和装饰柜都采用半间接照明台灯使整个空间光线柔和，有利于休息。

图 4-3-12　卧室灯具设计（重庆汉邦设计罗玉洪作品）

（六）休闲空间的灯具选择

休闲空间是家居中的附属空间，一般只有在大宅中才会出现，包括阳台、健身房、阳光房等。阳台与阳光房以自然光为主，灯光比较单一，大多选用吸顶灯、壁灯或筒灯，如图 4-3-13 所示。

图 4-3-13　休闲空间设计

健身房是一个功能性空间，必须满足照明要求：体育馆一般不使用吊灯，而主要采用筒灯或吊灯，以保证运动过程的安全。照明方式以普通照明为主，如图 4-3-14 所示。

图 4-3-14　健身空间照明

（七）卫浴空间的灯具选择

卫浴空间的灯光首先需要防水，因为即使水不会直接溅到灯上，也会有大量的水蒸气冷却后凝结成水。卫浴空间的照明为三个区域：镜前盥洗区、洗浴区、马桶（蹲便）区。大部分卫浴空间的主灯采用防水筒灯或射灯，镜前灯则采用壁灯、顶部射灯、镜前灯或暗藏式灯槽。图 4-3-15 为卫浴空间，采用了三种照明方式，每种照明方式都有其特定的功能：顶部的射灯将光线投射到盥洗台面；壁灯具有很强的装饰性和艺术性，其安装高度能使光线恰当地照射到脸上；其他局部区域的可以为空间增添一些趣味，使空间的灯光表现更加丰富。

图 4-3-15　卫浴空间照明（天坊室内设计公司张清平作品）

（八）厨房空间的灯具选择

厨房不仅是一个烹饪的空间，也是一个家庭享受烹饪过程的空间。因此，厨房的照明不仅要在顶部安装吊灯来照亮空间，还要考虑厨房烹饪各个环节的视觉体验。

在图4-3-16为厨房空间中，照明设计分为三个区域，每个区域有不同的功能：吊灯为普通照明，解决了厨房的基本照明；分布在四个角落的筒灯为橱柜提供照明；柜下照明为操作台提供良好的照明环境。

需要注意的是，厨房照明色温不要过低（色温越低，颜色越暖），否则会使空间显得干热。

图4-3-16　厨房空间照明（十上设计师事务所作品）

四、室内灯饰的搭配技巧

随着社会的不断进步和发展，灯饰的功能已从普通照明发展为既要照明又要装饰。灯具的选择更多地包括对材质、种类、风格品位方面的考虑。一个好的灯饰搭配设计可以让室内空间焕然一新，增添几分温馨与情趣。室内灯饰在搭配时应该注意以下几点：

1. 风格的协调性

选择室内灯饰时，一定要考虑到室内的整体环境和风格。如中式风格室内要配置中式风格的灯饰，欧式风格的室内要配置欧式风格的灯饰。

2. 主次有序

因为室内灯饰的作用是衬托室内整体空间和室内家具，因此，室内灯饰的搭配要考虑到主次关系。室内灯饰的选择与运用，要与室内家具的大小、样式和色彩，以及室内空间的处理相协调。在室内界面和家具材料的选择上，可以尽量选用一些具有抛光效果的材料，如抛光砖、大理石、玻璃和不锈钢等，可以使室内灯饰有更好的照射和反射效果。

　　室内灯饰的大小、色彩、比例、材质和造型样式都会对室内整体风格造成影响，搭配时要注意。如在方正的室内空间中可以选择圆形或曲线形的灯饰，使空间更具动感和活力；在较大的宴会空间，可以利用连排的、成组的吊灯，丰富视觉感受，使空间不至于显得单调。

3. 体现文化品位

　　室内灯饰搭配还要表现出总体上的民族或地方文化特色。例如，中式风格的空间常用中国传统的灯笼、灯罩和木制吊灯来体现中国特有的文化传承；一些泰式风格的度假酒店，也选用东南亚特制的竹编和藤编灯饰来装饰室内，给人以自然、休闲的感觉。

五、灯光设计案例分析

　　在照明设计能够满足基本照明和功能的基础上，怎样营造良好的空间氛围和舒适的照明环境是硬、软设计人员必须考虑的问题。此外，灯具的材料、形状、类型、照明方式、色温、显色和安装以及怎样将这些元素与设计主题相关联也是设计者必须考虑的问题。读者可以通过分析优秀设计公司和设计师的作品，了解和学习照明设计的技巧。

（一）案例1

　　在图4-3-17所示的餐饮空间内，灯具由吊灯和射灯组成，按功能可分为装饰照明、功能照明和重点照明。

图4-3-17　案例1（重庆汉邦设计罗玉洪作品）

整个餐厅空间的照度由圆形顶部的射灯提供。图4-3-17中，虽然有三个艺术吊灯被点亮，但它们更具装饰性。墙上的装饰画和餐桌旁的碗橱都是靠墙顶的射灯照明的。

餐厅空间的照明应特别注意光线的高低，在这一点上是完美的。图4-3-17中的照度主要用于餐桌上的菜肴。餐椅部分（即面部）的照度略低，光线柔和，使空间光线更加舒适。空间的过道部分不需要特殊的照明，通过墙壁反射的光线足以满足需要，这也使空间具有层次感和起伏感。

（二）案例2

在许多情况下，烛光的低色温、低照度的照明可以提供良好的氛围。图4-3-18中的空间使用桌面上的烛光（为了防止火灾，在这种情况下选择低温电子烛光）。夜幕降临时把灯打开，会看到一幅温馨的画面。

图4-3-18　案例2（重庆汉邦设计罗玉洪作品）

（三）案例3

我们都知道，卧室的照明是非常考究的。私人住宅空间（包括讲求舒适感的民宿）一定要与酒店、样板间不同，因为酒店与样板间为了展示效果可能会牺牲一定的舒适性。图4-3-19所示的空间在避免眩光、提高舒适性上可谓下足了功夫。床头的台灯为空间提供了良好的阅读环境，半直接照明的壁灯则为空间提供了基础照明，整个空间的氛围通过立面中部的漫反射灯得到了完美呈现。

图 4-3-19　案例 3（重庆汉邦设计罗玉洪作品）

（四）案例 4

卫生间的用光往往容易被忽略，而实际上其用光感受非常重要。图 4-3-20 所示顶部的射灯（类似常规的镜前灯）用于盥洗区照明，设计师非常用心地考虑到人面部的照明，将两盏下吊式马灯安装在与人面部相当的高度，以达到良好的照明效果；同时灯具本身又有很强的装饰性，与自然风格非常搭调。

图 4-3-20　案例 4（重庆汉邦设计罗玉洪作品）

（五）案例 5

图 4-3-21 所示的客厅空间是为了更多地利用空间中人们的舒适感，而不是单纯地追求华丽。传统的筒灯、射灯和吊灯在整个空间中并没有使用，但主要用来提供照明的是一盏钓鱼灯，光的主要照明集中在茶几部

分，活动区的照明由部分反射光和半透明灯罩提供。这样的灯光设计可以让人在空间中感觉更加舒适。如果需要看电视，可以关掉主灯，打开"电视墙"（立面装饰墙）后面的漫射光或装饰框内的间接照明灯，为装饰物提供照明。这样可以最大限度地避免直接和间接的眩光，保持电视发出的光与环境的良好对比关系，达到保护眼睛的目的。

图4-3-21 案例5（天坊室内设计公司张清平作品）

第五章　现代软装设计的家具及布艺搭配

第一节　家具的发展简史与不同空间搭配

一、室内家具的概念

广义的家具是指人类生产实践活动中必不可少的器具。狭义的家具是指在生活、工作和社会活动中供人们坐、卧、支撑和存储物品用的设备和器具。家具起源于人的生活需求，是人类几千年文化的结晶。人类经过漫长的实践，使家具不断更新、演变，在材料、工艺、结构、造型、色彩和风格上都不断完善。

家具不仅是一种简单的功能性物质产品，也是一种广为普及的大众艺术，家具一方面要满足某些特定的用途，另一方面又要满足供人们观赏，使人在接触和使用过程中产生某种审美情感并引发丰富的联想。所以，家具既是物质产品，又是艺术创作。

家具贯穿于人们日常生活的方方面面，随着社会的发展和科学的进步，以及人们生活方式的变化，家具也在不断更新换代。人类衣食住行的一切活动都离不开家具，家具具有使用上的普遍性。此外，家具还具有社会性。家具是人们在一定社会条件中的劳动产品，是生活方式的缩影，是文化形态的显现。作为社会物质文化的一部分，反映着一个国家和民族的经济、文化、历史和传统，因而家具凝聚了丰富而深刻的社会特征。

家具设计是指用图形（或模型）和文字说明等方法，表达家具的造型、功能、尺度、色彩、材料和结构的设计学科。室内家具设计是室内陈设设计的重要组成部分，家具的选择与布置是否合适，在很大程度上影响着室内环境的装饰效果。家具在室内空间所占的比重较大，体量突出，是室内空间的重要角色，所以应根据室内空间的不同选用合适的家具。

二、家具发展简史

家具在不同的历史时期，有着自己独特的形式和特定的历史品牌，其使用的材料、选用的颜色和制造工艺都是不同的。

（一）东方家具发展简史

中国历史悠久，每一个朝代都有非常具有代表性的特色家具制造工艺。现在介绍一下中国家具在各个历史时期的特点。

1. 春秋战国和秦汉时期家具

春秋战国时期，漆木家具有彩绘、雕刻等多种装饰技法。例如，在河南省信阳长台关出土的彩绘木床、雕花木案装饰纹样十分丰富，为汉代漆木家具的发展奠定了基础。大型漆木家具（如几、案、床等）基本上都采用框架结构，由榫卯连接。这一时期的家具主要是矮型家具，如图 5-1-1 和图 5-1-4 所示。

图 5-1-1　河南出土的彩绘漆大床　　图 5-1-2　曾侯乙墓出土的浮
　　　　　　　　　　　　　　　　　　　　　　　雕兽面纹漆木案

图 5-1-3　战国时期的铜案　　图 5-1-4　战国墓出土的彩绘俎

　　秦汉时期处在封建社会的发展期，在建筑、雕塑、绘画等领域都有卓越的艺术成就。其建筑与家具都比较简洁，沉稳中透出一股霸气。秦汉时期人们的生活习惯是席地而坐，所以主要采用低矮型家具。根据不同的使用功能，可以将这一时期的家具分为几、案、俎三种类型，常见的有席子、漆案、木案、铜案、陶案、漆几和俎几等。图5-1-5所示为仿秦汉风格设计的家具。

图5-1-5　仿秦汉风格家具

2. 唐代家具

　　唐代家具产生于隋唐五代时期，同时出现了新式高型家具的完整组合。典型的高型家具如椅、凳、桌等，在这一时期的上层社会中非常流行。唐代家具具有高挑、细腻、温雅的特点，以木质家具居多，细致的雕刻加之精巧的描绘，无不体现出唐朝盛世的富贵华丽。图5-1-6所示为仿唐代家具。

图5-1-6　仿唐代家具

　　以下是对唐代常用家具的简要介绍。

　　（1）板足案：案面是长方形的，四面有拦水线，下面有两足板状腿，是一种吃饭用的桌子。图5-1-7是仿唐板足案。

图 5-1-7　仿唐板足案

（2）翘头案：案面是长方形的，两边是翘起来的，可以当书桌使用，在现代家具设计中，它常被用来放置装饰品。图 5-1-8 是仿唐翘头案。

图 5-1-8　仿唐翘头案

（3）曲足案：案面是长方形的，曲腿下方用水平木支撑，相对较矮。

（4）撇脚案：造型很特别，案面两端卷起上翘，有束腰，四条腿上端膨出，顺势而下，形成四只向外撇的撇脚，腿的上端有牙条，前后有拱形画枨。

（5）三彩柜：有四只较细的兽面腿，柜子上雕刻着花饰，非常漂亮，它是由汉代柜子经过不断改造而形成的，如图 5-1-9 所示。

图 5-1-9　三彩柜

（6）其他家具：唐代家具还有平台床、箱式床、屏风床、独坐榻、方凳、月牙凳、几、屏风、墩、椅、桌等。从图 5-1-10 所示的唐代绘画《韩熙载夜宴图》及图 5-1-11 所示的刺绣图中可以看出唐代家具风格的一些特点。

图 5-1-10　《韩熙载夜宴图》

图 5-1-11　唐代刺绣图

3. 明代家具

大部分家具研究者喜欢把明朝家具和清朝家具作为一个整体来研究，但是明朝家具和清朝家具是有明显区别的，它们的艺术特征也是不同的，所以这里我们分别讨论这两个时期的家具。

明代是中国家具史上的黄金时代。这一时期的家具具有造型精巧、装饰华丽、工艺精细、用料丰富等特点，达到了功能与美观的完美匹配，经久耐用。明代家具继承了唐代家具的传统，并在此基础上进行了改进。其轮廓极讲究线条之美，浮雕是明代家具最常用的雕刻技法。一般来说，明代家具具有以下特点。

（1）注重功能、人体尺度与家具的关系、内容与形式的统一。

（2）注重比例的协调，注重美观、整洁的外观，家具整体显得庄重典雅。

（3）榫卯结构的应用更上一层楼，连接合理，用料考究，色泽质感自然，做工精细和谐。图5-1-12、图5-1-13都是仿明代家具样式。

图5-1-12　仿明式木椅

图5-1-13　仿明式桌椅

4. 清代家具

满汉文化的融合，加之受到西方文化的影响，清代家具逐渐形成了注重风格形式、崇尚华丽气派的独特风格。为了追求富贵奢华的装饰效果，透雕、描金、彩绘、镶嵌成为清代家具最常用的装饰手段，装饰图案以吉祥图案最为常见。如图5-1-14所示。

图5-1-14　清代家具的雕刻

（二）西方家具发展简史

欧式家具是欧式装饰的重要元素，主要以意大利、法国和西班牙家具为代表。一般来说，欧式家具的轮廓和转弯部分由对称而有节奏的曲线或曲面组成，这些曲线或曲面通常采用镀金、铜饰、仿皮革等装饰手法进行装饰。它们造型简单，线条流畅，色彩艳丽，极具艺术美感，给人以豪华典雅的感觉。欧洲家具的发展主要经历了以下几个历史时期。

1. 古罗马、中世纪时期

古罗马家具装饰具有坚固、厚重、端庄的特点，体现出阳刚的风格。这一时期的家具主要用不易燃烧的材料制成，如石头、铜、铁等。装饰方法有雕刻、镶嵌、绘画、镀金、贴薄木片和油漆等。圆雕是一种常见的雕刻技术，常见图案包括人、狮子、胜利女神、桂冠、天鹅头、马头、动物脚、动物腿、植物等。

莨苕叶形是古罗马家具上最常见的图案。这个图案的纹路雕刻看起来优雅而自然。此外，家具上还装饰着漩涡。

拜占庭艺术是这一时期的杰出代表，但几乎没有留下完整的家具。我们只能通过拜占庭艺术来理解家具的美，如图 5-1-15 和图 5-1-16。

图 5-1-15　拜占庭风格的首饰

图 5-1-16　拜占庭风格的服饰

中世纪时期具有最高艺术成就的是哥特艺术，意大利文艺复兴时期的学者把公元 12 世纪到文艺复兴初期的一段时间称为哥特艺术时期。哥特式家具的主要特征在于层次丰富和装饰精巧，最常见的图案有火焰形、尖拱、三叶形和四叶形等，如图 5-1-17 所示。

图 5-1-17　哥特式家具

2. 文艺复兴时期

这一时期的家具受建筑及室内装饰的影响较大，外形厚重端庄，线条简洁严谨，立面比例和谐，较多采用雕刻、镶嵌、绘画等手法，如图 5-1-18

所示。

图 5-1-18　文艺复兴时期家具及家具上的雕刻

3. 巴洛克时期

巴洛克风格是 17 世纪欧洲流行的宫廷风格之一。"巴洛克"源于葡萄牙语，意思是"不规则的珍珠"。

巴洛克风格成为 17 世纪欧洲宫廷和贵族的最爱，对奢华、琐碎和精致的追求成为其主要特征。在这一时期，家具、镜框、画框、吊灯和家庭用具往往都是镀金的，以迎合王宫贵族的审美需求。

巴洛克风格追求动感，夸张的规模。如图 5-1-19 所示，床头柜和床形成了一种独特的阳刚装饰风格，与洛可可式女性化的精致形成鲜明对比。

图 5-1-19　巴洛克时期家具

4. 洛可可时期

洛可可风格的家具于 18 世纪 30 年代逐渐代替了巴洛克风格的家具，也称其为"路易十五风格"。洛可可风格家具将精致的艺术造型与舒适的功能效果巧妙地结合在一起，通常采用优美的曲线框架，配以织锦缎，并采用珍木贴片和表面镀金装饰，使得这些家具体现出一种华贵的风格，同时在实用性上也达到了极高的境界，如图 5-1-20 所示。

图 5-1-20　洛可可风格家具

5. 工业时期

工业革命的兴起极大地促进了社会经济的发展和科学技术的进步。19世纪下半叶，在科学理论的指导下，技术发明层出不穷，工业革命进入了一个新的发展阶段。现代家具的生产被机器所取代。在现代设计理念的指导下，按照"以人为本"的设计原则，摒弃了奢华的雕刻，提取抽象的造型。在设计中，力求生产简单。由于科学技术的进步，现代家具在材料方面也得到了很大的拓展。家具已经从木器时代发展到金属时代和塑料时代。如图 5-1-21 所示，是由新材料制成的现代家具。表 5-1-1 中显示了中式家具和样式。

图 5-1-21　现代家具

表 5-1-1　中式家具风格与样式

家具名称	家具样式	特点
黄花梨西番莲纹扶手椅		中西合璧式的家具，采用中国传统工艺制作，在雕刻部分融入西式图案。黄花梨西番莲纹扶手椅是我国清代宫廷家具的典型代表（西番莲是西洋纹饰的代表）
明代玫瑰椅		我国明代扶手椅中常见的款式。在各种椅子中属于体积较小的一种，用材纤细，造型小巧美观，多由黄花梨木制成，其次是铁梨木，用紫檀木制作的较少
明代官帽椅		典型的明式家具，其造型简练，却法度严谨、比例适度，分为两出头和四出头
明代黄花梨交椅		因下身精足呈交叉状，故而得名。交椅起源于古代的马扎，也可以说它是带靠背的马扎
清代紫檀嵌粉彩席心椅		座面方直，四周攒框，靠背中间镶嵌有带粉彩工艺的瓷片。使家具更具艺术审美价值。座面下有束腰，4 条腿为直腿

续表

家具名称	家具样式	特点
清代太师椅		起源于宋代，在清代得到发展，最能体现清代家具的造型特点。它体形宽大，靠背与扶手连成一片，彩成一个三扇、五扇或是多扇的圈屏
清代圈椅		造型圆润、丰满，起源于宋代，最明显的特征是圈背连着扶手，从高到低一顺而下；可使坐靠者的臂膀倚在圈形的扶手上，十分舒适
明代笔梗椅		将背靠椅的靠背背板转换成若干根圆梗排列而成。明式家具中多见的是梳背椅，故也有把笔梗椅误称为梳背椅的现象。梳背椅的靠背由木条均匀满排，而笔梗椅则虚背部分不排木条
明代梳背椅		椅子的后背部分用圆梗均匀排列的一种背靠椅
明代紫檀束腰鼓腿		此为有束腰家具的常见形式之一，名曰"鼓腿膨牙"式。"鼓腿"是说蹬腿向外鼓，"膨牙"是说牙子向外膨出。足下端向内兜转，形成内翻马蹄。牙条与腿足相交处常安装角牙，以加强连接

续表

家具名称	家具样式	特点
红木蝠云纹圆桌圆凳		圆凳的腿足有方足和圆足两种，方足的多做出内翻马蹄、罗锅账或贴地托泥等式样，凳面、横账等也都采用方边，边棱、账柱及花牙等皆求圆润流畅
八仙桌		中华民族传统家具之一，桌面呈正方形，每边可坐 2 人，四边围坐 8 人，民间雅称八仙桌
明代紫檀长桌		此桌通体光素，不用雕饰，材美工精；充分体现了明式家具清朗俊秀的风格特色
清代宝座		据清代内务府造办处记载，清宫皇家"造办处"下属的作坊曾为宫廷生产了大量宝座，如雕漆宝座、楠木宝座、紫檀木宝座、鹿角宝座、金漆龙纹宝座等。这些宝座大多采用名贵的木材和特殊的质料制成，工艺水平极高
紫檀灵芝几形画案		除桌面外，通体雕饰灵芝纹，刀法精致，雕饰繁复。常规尺寸为高 84 厘米，长 171 厘米，宽 74.4 厘米。案有束腰，腿足向外弯后又向内兜转，两侧足下有托泥相连，托泥中部向上翻出灵芝纹云头

家具名称	家具样式	特点
明代黄花梨酒桌		主要是在饮酒时使用，为它蒙上黄云缎桌围，摆上精美藏品，可称为宝案。桌面为长方形，桌腿多为直线形，腿间设二横枨，边缘起阳线。此桌部件容易损毁或丢失，故完整传世的较少
明代黄花梨四足八方香几		高103厘米，几面为攒边打槽装板做成八角，托泥为长方形四角。托泥下又有4只小足支撑，形成上下对比。此几比一般香几要高，挺秀雅致，非常罕见
明代黄花梨炕桌		常规尺寸为长129厘米，宽69厘米，高23厘米。炕桌是矮形桌案的一种，多在床上或炕上使用。此炕桌有束腰，冰盘沿，牙腿起阳线，内翻马蹄，牙条上壶门弧线圆转自如，整桌造型简洁明快
清代插屏		插屏一般都是独扇，既有装饰作用，也有挡风和遮蔽作用。插屏画芯常有雕刻、刺绣等，题材以山水、风景居多，材质一般有缂丝、竹雕、紫檀、青白玉、镶嵌瓷板等
明代黄花梨万历柜		该柜高187厘米，上层为亮格，有背板，券口、栏杆上都有少而精的浮雕装饰。这是明代万历时期最流行的柜式

三、室内家具的分类

（一）按使用功能分类

按使用功能可分为支撑类家具、凭倚类家具、储藏类家具和装饰类家具。

（1）支撑类家具：指供人们坐、卧时用来直接支撑人体的家具，即各种坐具、卧具，如床、榻、凳、椅、沙发等。

（2）凭倚类家具：指供人们凭依、伏案工作使用的与人体直接接触的家具，即各种带有操作台面的家具，如桌、台、几等。

（3）储藏类家具：指各种有储存或展示功能的家具，如箱柜、橱架等。

（4）装饰类家具：指陈列室内装饰品用的开敞式柜类家具、层架类家具和用于分割空间的隔断类家具，如博古架、屏风、漏窗等。

（二）按结构特征分类

按结构特征可分为框式家具、板式家具、拆装式家具、折叠家具、曲木家具、壳体家具、悬浮家具、树根家具。

（1）框式家具：以木方为框架承重构件形成框架结构，以实木或人造板材形成围合空间，通过榫卯结合或五金件结合而成的家具。框式家具是我国传统家具的典型结构形式。目前市场上主要包括实木家具和板木结合家具两大类。

（2）板式家具：以人造板作为主要基材构成板式部件，用连接件将板式部件接合装配的组合式家具。其中人造板是由中密度纤维板或刨花板进行表面贴面等工艺制成。板式家具造型富于变化、外观时尚、不易变形、质量稳定、价格实惠。板式家具有可拆和不可拆之分。

（3）拆装式家具：用各种连接件或插接结构组装而成的可以反复拆装的家具。家具部件根据不同的使用功能和产品规格，加工成规定的系列，并用五金拼装连接，可以根据个人的喜好、选择不同类型的部件进行装配。

（4）折叠家具：能够折动使用并能叠放的家具。折叠家具造型简单，使用轻便，拆卸折叠方便，利于携带、存放，可供居家、旅行之用。部件可使用小材碎料和人造板制作，也可使用其他代用品制作。

（5）曲木家具：利用木材的弹性原理，使其经过蒸汽处理后，弯曲成特定形状而制成的家具。曲木家具的木质部件几乎可以弯曲成任意的角度，代替了某些榫接合而节约了木材，具有造型别致、轻巧、美观的优点。

（6）壳体家具：指采用新型材料加玻璃纤维、塑料或以胶合板为基材，整体或零件利用塑料或玻璃一次模压、浇注其他工艺加工而成型的薄壳家具。壳体家具具有结构轻巧、形体新奇和新颖时尚的特点。

（7）悬浮家具：也叫充气家具，以高强度的塑料薄膜制成内囊，在囊内充入水或空气而形成的家具。悬浮家具新颖、有弹性、色彩艳丽、造型独特有趣，在需要移动或搬家时，可以很方便地带走，轻松快捷，摆脱了传统家具的笨重，但一经破裂则无法再使用。

（8）树根家具：以自然形态的树根、树枝、藤条等天然材料为原料，略加雕琢后经胶合、钉接、修整而成的家具，又称"天然木根家具"。与一般家具相比，树根家具既有观赏价值，又有实用价值，具有清新、悦目的特点。

（三）按制作家具的材料分类

按制作家具的材料可分为木质家具、塑料家具、竹藤家具、金属家具、玻璃家具、皮革家具、布艺家具。

（1）木质家具：主要以实木与各种木质复合材料加工而成的家具，如胶合板、纤维板、刨花板和细木工板等构成的家具。主要缺点在于木材容易变形，保养较困难，但由于木材质轻强度高，容易加工，物理性能优良，还具有天然色泽和特有的纹理，广泛应用于家具制造当中。

中国木质家具历史悠久，自成体系，具有强烈的民族特点。无论是笨拙神秘的商周家具、春秋战国和秦汉时期浪漫神奇的矮型家具，还是魏晋南北朝时期婉雅秀逸的渐高家具，以及隋唐、五代时期华丽润妍的高低家具，抑或是宋元时期简洁隽秀的高型家具、古雅精美的明式家具、雍容华贵的清式家具，都以其强烈的质感和美感成为木质家具的经典和典范。

近年来，我国木制家具制造行业迅速发展，并不断创新，将源远流长的中国传统文化与现代时尚元素相结合，融入家具的设计当中，为木质家具赋予了新的内涵，设计更加人性化、实用化和现代化，开创了木质家具新风尚，引领了木质家具的新潮流。

木质可按坚实度分为硬木和软木。硬木取自阔叶树，树干通直部分一般较短，材质硬且重，强度较大，纹理自然美观，是家具框架结构和面饰的主要用材。常见的有檀木、花梨木、鸡翅木、榆木、水曲柳、柞木、橡木、胡桃木等。这类木材一般比较昂贵，但使用期亦比较长。软木种类繁多，取自针叶树或常青树，一般树干通直而高大，纹理平顺，材质均匀，木质较软易于加工，制成家具，价格实惠。如榉木、楠木、樟木、松木和杉木都是常见的软木材料。许多软木在使用时也多和硬木搭配。

（2）塑料家具：整体或主要部件用塑料包括发泡塑料加工而成的家具。塑料是在继木材等传统材料之后出现的一种高分子合成材料，与传统材料相比，具有质轻、防腐、防蛀、加工方便、施工简单、花色繁多等特点。因此，被广泛应用于家具制造中。

塑料家具可以回收利用，能最大限度地减少对环境的污染，这一点对于重视环境保护的现代人来说，无疑是一大优势，因此越来越受到家具设计者与制造者的重视。一些优秀的家具设计师将他们前卫的设计理念渗透到塑料家具的设计中，将家具的实用功能与审美功能完美结合，体现的不仅仅是价廉，而是独特、高雅的品位与崭新的生活情趣。

制造家具的塑料主要有聚氯乙烯塑料和聚丙烯塑料。聚氯乙烯家具易老化、脆裂，只能放在室内使用，不适用于室外，应避阳光直射和靠近炉灶和暖气片。聚丙烯家具耐光、耐油污，对化学溶剂的防护性能好，但硬度差，应防止碰撞和硬物划伤。由于塑料制品容易老化，因而塑料家具的使用寿命比起其他材质家具要短，塑料家具可用普通洗涤剂洗涤，以保持塑料家具的常新久用。

（3）竹藤家具：以竹条或藤条编制部件构成的家具。竹藤家具是世界上最古老的家具品种之一，制作十分考究。以竹藤家具为主要特色的东南亚泰式风格家具以其来自热带雨林的自然之美和浓郁的民族韵味风靡世界。泰式风格家具精致的编制，简单的外观，牢实的结构，带着竹藤家具特有的古朴清新，美丽大方而又温和。

竹条、藤条均为天然材料，绿色无污染，生长周期短，产量高，均可再生，随着人们环保意识的提高，消费者对"绿色低碳"生活品质要求的高涨，竹藤制品作为绿色低碳产品的新宠，正以绿色低碳的产品诠释着全新的生活理念，引领者人们的健康新生活。

随着竹制品市场的不断扩大，我国的竹产业发展也进入了快速发展的阶段。特别是借力于科技创新与技术升级，造就了今天竹产业的发展，从传统的资源培育到现代的精深加工，一项项先进成果支撑着竹产业从无到有、从小到大。从保护森林、保护环境的要求出发，以竹代木是竹制品发展必然趋势。此外，竹制家具和工艺品给人以回归大自然之感，是当代流行的天然绿色环保产品。

（4）金属家具：以金属管材、线材或板材为基材生产的家具。通过对基材进行冲压、锻、铸、模压、弯曲、焊接等加工可获得各种造型，通常采用焊、螺钉、销接等多种连接方式组装和连接。金属家具产品种类多样。色彩选择丰富、防潮防火、绿色环保，具有折叠功能，颇具美学价值，且物美价廉。

金属家具按照表面镀层的工艺分为烤漆、喷塑、电镀、镀铬、镀镍。其中烤漆家具成本最低，但容易掉漆生锈；喷塑、电镀、镀铬金属家具较常用，其中电镀家具比镀铬家具工艺更精细，表面更亮更光滑；镀镍家具采用最新的电镀工艺，可防水。

铜类材质中，青铜常与皮或石材结合，表现仿古风情。镀金及黄铜家具，闪耀着金色的光彩，带有华丽的气质，也是欧洲仿古风格中常见的家具。钢管的白色金属光芒，冷冽而理性，意大利风格即常以钢管与皮结合，展现简洁有力的设计感。锻铁材质可上漆或镀上色彩，常铸成如藤蔓般的构图，神秘而典雅，无论是整件家具或仅为部分装饰，都给人留下深刻的印象。铝合金材质常与钢化玻璃组合成简洁明快、富有现代气息的实用性家具。金属家具极具个性，可以很好地营造空间需要的装饰效果和氛围，也能使空间风格多元化，使之更富有现代气息。

（5）玻璃家具：以玻璃为主要构件的家具，一般采用高硬度的强化玻璃和金属框架。高硬度强化玻璃透明、清晰度高，是普通玻璃的5倍左右，能承受常规的磕、碰、击、压的冲击，坚固耐用，而且玻璃色彩、形态变化多样，装饰感极强。

玻璃家具中最常见的玻璃材料主要是平板玻璃和热弯玻璃两大类，通常是家具的平面部分用平板玻璃，曲面特殊造型部分用热弯玻璃。玻璃的通透性，可减少空间压迫感，拓展视野，极大地从感官上提高空间的面积。适当选用玻璃家具，能营造出晶莹剔透的质感，令人耳目一新。利用玻璃透明、折射的特性与空间照明相结合，能制造出梦幻的空间效果。

随着科技的进步和新工艺、新技术的运用，玻璃材料在厚度和透明度上得到了突破，使得玻璃制作的家具更具可靠性和实用性。玻璃的独特魅力，已使玻璃家具成为当今时尚家具不可或缺的种类，其在空间设计中所扮演的角色越来越重要。

（6）皮革家具：以各种皮革为主要面料的家具。现代皮革加工技术越来越先进，皮革品种也越来越多，品质各异。按皮和革来分可分为真皮、再生皮和人造革、合成革四种。皮革家具外观典雅大方，尊贵典雅。

真皮是由动物生皮经物理、化学加工后制成的具有各种强度、手感、色彩和花纹的皮具材料。真皮气味较浓，厚实耐磨，柔软光泽，透气性能很好，成型后不易变形。用真皮制成的家具不仅显示出高贵、奢华的效果，而且传达出优雅、稳重的气质，是高档家具的首选材料。一款高品质的真皮沙发如果保养得当，其使用寿命也会随之增长。

再生皮是指将各种动物皮料粉碎后，调配化工原料加工制作而成。其特点是皮张边缘较整齐，利用率高，价格便宜，但强度较差。

人造革也叫仿皮或胶料，是在纺织布基或无纺布基上，由各种不同配方的 PVC 和 PU 等发泡或覆膜，根据不同强度、耐磨度、耐寒度和色彩、光泽、花纹图案等要求加工制作而成。其具有花色品种繁多、防水性能好、边幅整齐、利用率高和价格相对真皮便宜的特点。

合成革是模拟真皮的组成和结构制成的塑料制品，表面主要是聚氨酯，基料是涤纶、棉、丙纶等纤维制成的无纺布。其与真皮十分相似，光泽漂亮，并具有一定的透气性，不易发霉和虫蛀，比普通人造革更接近真皮，甚至在防水、耐酸碱等方面优于真皮。

（7）布艺家具：即以各种布料为主要面料的家具。布料从织造方式上可以分为梭织布和针织布两大类；从加工工艺上可以分为坯布、漂白布、染色布、印花布、色织布、混合工艺布（如在色织布上印花、复合布、植绒布、仿皮毛布）等；从原材料可以分为棉布、化纤布、麻布、毛纺布、丝绸及混纺织物等。

棉布是各类棉纺织品的总称。其优点是质松、保暖、柔和、花色多样，且吸湿性、透气性甚佳。缺点是易缩、易皱，外观上不够挺括。麻布是以大麻、亚麻、苎麻、黄麻、剑麻和蕉麻等各种麻类植物纤维制成的一种布料。其优点是强度高、吸湿、导热、透气性好，缺点是质感较粗，外观生硬。化纤是化学纤维的简称，它是利用高分子化合物为原料制作而成的纤维的纺织品。分为人工纤维与合成纤维两大类。优点是色彩鲜艳、质地柔软、悬垂挺括、滑爽舒适；缺点是耐磨性、耐热性、吸湿性、透气性较差，遇热容易变形，容易产生静电。

（四）按家具风格分类

按家具风格可分为欧式古曲家具、中式家具、现代家具。

1. 欧式古典家具

欧式家具是欧式古典风格装修的重要元素，以意大利、法国和西班牙风格的家具为主要代表。其延续了 17 世纪至 19 世纪皇室贵族家具的特点，讲究手工精细的裁切与雕刻，轮廓和转折部分由对称而富有节奏感的曲线或曲面构成，并装饰镀金铜饰、仿皮等。其结构简练，线条流畅，色彩富丽，艺术感强，给人以华贵、优雅、庄重的感觉。此外，欧式家具还融合了浓厚的欧洲古典文化，成为一种经典，最能体现主人的高贵生活品质。欧式家具根据不同的风格特点和对细节的处理手法可分为欧式古典家具、欧式罗马风格家具、欧式新古典家具（现代欧式家具）和欧式田园家具四种。

（1）欧式古典家具图案多为动物、植物和涡卷饰纹，尺度适宜，造型繁复，线条纯美，家具表面多采用浅浮雕，为显其高贵，表面常涂饰金粉和油漆。对每个细节精益求精，在庄严气派中追求奢华优雅，透露出欧洲传统的历史痕迹与深厚的文化底蕴。

（2）欧式罗马风格家具以柱式结构为主，并从教堂圆形穹顶获得启示，雕刻、镶嵌等艺术手法处于次要地位，用料粗大，线条简单；欧式哥特式风格家具以精雕细琢与华丽的镂花构成的新式家具，盛行于法国，以尖顶、拱券和垂直线为主，高耸、轻盈、富丽而精致；欧式文艺复兴家具受绘画艺术影响讲究木材饰面材料的花纹和颜色，平衡、含蓄、节制，且富于理性和逻辑性；欧式巴洛克风格家具则强调力度、变化和动感，突出夸张、浪漫、激情和非理性、幻觉、幻想等特点，打破均衡，强调层次和深度；欧式洛可可风格家具注重体现曲线特色，采用细致典雅的雕花和玲珑起伏的"C"形和"S"形的涡卷纹精巧结合，雍容繁复。

（3）欧式新古典家具将古典风范和现代精神结合起来，使古典家具呈现出多姿多彩的面貌，其虽有古典的曲线和曲面，但少了古典的雕花，不作过密的细部装饰，以直角为主体，追求整体比例的和谐与呼应，做工考究，造型精炼而朴素。较之纯古典的欧式家具，摒弃了过于复杂的肌理，减少了烦琐的装饰，造型上趋于简洁，更讲究材质和面料。这个时期的家具雕饰图案包括缠索纹、卵箭式线脚、花束、奇相图案和花束垂环。白色、咖啡色、黄色、绛红色是欧式新古典风格家具中常见的主色调，少量白色糅合，使色彩看起来明亮、大方，整个家具给人以开放、宽容的气度。

欧式田园风格家具抛弃了巴洛克和洛可可风格的浮华和繁复，强调欧洲独特的田园生活和文化内涵，注重简洁、明晰的线条和优雅得体的装饰，并结合仿生学的设计原理，将自然界中的动植物图案运用到家具设计中，再加上受传统手工艺影响，采用现代的先进技术，使得欧式田园家具表现出清新、雅致的特点。欧式田园风格家具涂装工艺复杂，在一些细节上的处理也和其他家具很不一样，所产生的纹理图案稳重、细腻。在现代都市里，欧式田园风格家具代表的也许并不是真正意义上的乡村或者田园，它更像是人们崇尚大自然的一种表现，使人们的身心得以放松舒展，仿佛呼吸大自然的气息。

2. 中式家具

中式家具继承了中国古代传统艺术设计风格，朴素大方、清新脱俗、高雅含蓄，造型讲究对称，材料以木材为主，图案多龙、凤、龟、狮等，精雕细琢、瑰丽奇巧，集艺术、养生、收藏价值于一身。中式家具可以细分为中式古典家具和现代中式家具。

（1）中式古典家具以明清时期的家具为代表，造型大方，比例精准，讲究手工艺，用料考究，材质名贵。明清家具表达的是对清雅含蓄、端庄丰华的东方式精神境界的追求。其中，明式家具造型简练朴素、比例匀称、线条刚劲、功能合理、用材科学、结构精到、高雅脱俗，艺术成就达到了极致。明式家具功能十分合理，关键部位的尺寸完全符合人体工程学。用材讲究，充分发挥了木材的性能。在结构上沿用了中国传统的榫卯结构，有利于木材的胀缩变形，多用圆腿支撑，并作适当的收分，四腿略向外侧，符合力学原理。明式家具造型高雅脱俗，以线条为主，民族特色浓厚。装饰手法丰富多样，既有局部精微的雕镂，又有大面积的木材素面效果。家具雕刻以线雕和浮雕为主，构图对称均衡，图案多以吉祥图案为主，如灵草、牡丹、荷花、梅、松、菊、仙桃、凤纹、云水等。明式家具还采用了金属饰件，以铜居多。如拉手、画页、吊牌等多为白铜所制，并且很好地起到了保护家具的作用。明式家具内容丰富多样，主要有椅凳类、几案类、橱柜类、床榻类、台架类和屏座类等。

清式家具以乾隆时期为代表，为了显示统治者的"文治武功"，高档家具层出不穷，形成了极端的豪华富贵之风。清式家具化简朴为华贵，造型趋向复杂烦琐，形体厚重，富丽气派。清式家具重视装饰，运用雕刻、镶嵌、描绘和堆漆等工艺手法，使家具表面效果更加丰富多彩。装饰题材繁多，以吉祥图案为主。家具用材讲究，常用紫檀、黄花梨、柚木、沉香木等高档珍稀名贵木材。清式家具继承和发扬了明式家具的传统，它在中国家具发展史上同样占有重要的地位，以苏式、京式和广式为代表。苏式家具以江浙为制造中心，风格秀丽精巧，线条柔美；京式家具因皇宫贵族的特殊要求，造型庄严宽大，威严华丽；广式家具以广东沿海为制造中心，并广泛地吸收了海外制造工艺，表现手法多样，家具风格厚重烦琐，富丽凝重，形成了鲜明的近代特色和地域特征，很具有代表性。

（2）现代中式家具摒弃了传统中式家具的繁复雕花和纹路，对中式古典家具进行了简化，提炼出了中式古典家具中的经典装饰元素，并结合现代设计手法将之符号化、抽象化，显现出既古典、雅致，又现代、时尚的特征。现代中式家具是一种蕴涵中国古典文化，却用现代的手法和技术来表达的一种家具风格，现代中式风格家具将传统与现代有机结合，是对传统建筑文化的合理继承与发展。随着经济的发展，现代生活节奏的加快，现代中式家具符合现代人审美观点和精神追求，表达对清雅含蓄、端庄丰华的东方式精神境界的敬仰。

3. 现代家具

现代家具以实用、经济和美观为特点，重视使用功能，造型简洁，结构合理，较少装饰。采用工业化生产模式，材料多样，零部件标准且可以通用。

欧洲的工业革命为现代家具设计与制作带来了革命性的变化，制作水平日趋先进，生产规模不断扩大，"以人为本"的设计思想深入人心，这些因素都使得现代家具设计与制作更加人性化、大众化。随着木业技术的发展，胶合板问世，蒸木和弯木技术出现，高性能黏合剂研制成功并应用，为各类现代家具的发展铺平了道路。1830 年德国人托耐特用蒸气技术把山毛榉制成了曲木家具，便体现了生产技术的提高对现代家具产生的推动作用。以"现代设计之父"莫里斯为首的设计师在 19 世纪末到 20 世纪初的英国发起了一场设计运动，工业设计史上称为"工艺美术运动"。工艺美术运动强调功能应与美学法则相结合，认为功能只有通过艺术家的手工制作才能表达出来，反对机械化大生产，重视手工，强调简洁、质朴和自然的装饰风格，反对多余装饰，注重材料的选择与搭配。

在 1900 年前后，欧洲大陆兴起了设计运动的新高潮，以法国为中心的"新艺术运动"主张艺术与技术相结合，主张艺术家应从自然界中汲取设计素材，崇尚曲线，反对直线，反对模仿传统。随后荷兰风格派产生，主张家具设计应采用绘画中的立体主义形式，采用立方体、几何体、垂直线和水平面进行造型设计，反对曲线，色彩只用三原色及黑白灰等无彩色系列，用螺丝装配，便于机械加工。

现代家具的真正形成是 1910 年德国包豪斯学院的诞生，包豪斯学院被称为"现代主义设计教育的摇篮"，其核心思想是功能主义和理性主义。肯定机器生产的成果，重视艺术与技术相结合，设计的目的是人而不是产品，要遵循科学、自然和客观法则，产品要满足人们功能的需要，符合广大使用者的利益。包豪斯学院产生了一大批艺术设计大师，1925 年布鲁耶发明的钢管椅，成为金属家具的创始人，并且他还是家具标准化的创始人；另一大师密斯·凡德罗设计的巴塞罗椅，把有机材料的皮革和无机材料的钢板完美地结合，造型优美，成为现代家具的杰作。1933 年包豪斯学院被纳粹德国关闭。一批现代设计先驱进入美国，使美国获得了许多宝贵的设计人才，设计水平迅速提高。

20世纪60年代以后，青年人追求新鲜多变的心理，家具设计风格开始追求异化、娱乐化和古怪化的形式，这便是宇宙时代风格。这种设计风格强调空气动力学，强调速度感，色彩多用银灰色，家具造型多为不规则的立体，模仿宇宙飞行器的奇特形状。随着新材料、新工艺的不断涌现，出现了吹气的塑料家具，设计师用空气代替海绵、麻布和弹簧等弹性材料，为人们的生活带来了全新的感受。

四、家具搭配

在软装饰方案中，家具的体积相对较大，占据着主导地位，因此软装饰方案整体效果能否得到认可，主要取决于家具的合理选择，这是一个决定性的因素。

（一）门厅空间家具搭配

门厅是整个室内空间即"门面"的前奏，也是定位整个室内空间效果的基础。因此，在选择家具时，一定要有一个准确的定位，让人们一眼就能认清空间的风格倾向，感受到室内空间所营造的氛围。

图5-1-22为曲线流畅而优雅的椅子、玄关柜以及蓝色的家具和蓝色的大马士革墙壁都清楚地告诉人们，这是一种浪漫的法式风格。

图 5-1-22　法式玄关柜和椅子

图5-1-23所示只剩下线条的沙发、原木墩与石材墙面和仿鸟笼灯具，打造出既有时尚感又带有中式元素的新中式风格。

图 5-1-23　新中式风格空间

仿明代梳背椅特别迎合现代人的简约审美，配上红色中式纹样抱枕，使深色家具立显典雅与高贵。图 5-1-24 所示对称玄关柜与梳背椅的组合，形成中式对称布局、高矮、大小不等的花瓶与摆件搭配一枝中国红插花，对称中不乏空间的变化。

图 5-1-24　仿明代对称布局

（二）接待区家具搭配

接待区是指为访客提供的室内空间，包括办公和商业空间的接待区和洽谈区。当然，居住空间里的客厅也属于接待区。

前台家具主要包括接待台、办公椅、访客椅等，在选择时，首先要与整体风格保持统一协调。图 5-1-25 为某房地产销售中心的软装饰设计方案，定位为轻奢华、原始风格。

粗犷的铁艺和带有植物墙的榆树家具，呈现出一个原始而时尚的空间，与铜水晶灯一起，形成一个自然而现代的独特景观。透明的彩色玻璃装饰使室内空间更具特色。

图 5-1-25　销售中心设计（重庆信实公司张晓作品）

　　为了配合轻奢风格，本案的沙发椅选择皮革面料，颜色采用驼棕色与复古雅致的深红色打造出深浅的阶梯变化，再配以木本色桌子及古铜与水晶材质的吊灯，低调奢华之感跃然而出。图 5-1-26 所示为洽谈区的软装设计方案。

图 5-1-26　洽谈区设计（重庆信实公司张晓作品）

　　客厅家具主要由沙发、茶几、音像柜等组成，在选择时首先要注意风格的统一，同时材料和造型也必须服务于主题。图 5-1-27 展示了重庆信实公司软装方案的客厅设计，通过柔和的色彩、时尚的造型、舒适的面料和精致的细节，打造了一个时尚、浪漫、现代的法式空间。

图 5-1-27　客厅家具设计（重庆信实公司张晓作品）

　　客厅是家庭成员休息娱乐的场所，也是接待客人的场所，因此需要营造一个安静而放松的环境。在选择家具时，要注意家具与家具之间、家具与其他配件之间的搭配必须主次分明。

　　图5-1-28是调整前的软装设计方案。方案中的茶几太烦琐，地毯的设计和颜色也很复杂。左右两侧单人椅的颜色和形状过于突出醒目，缺乏质感。空间中的每一个元素都在争夺焦点，从而失去了主题的个性和核心。必须做一些减法，让空间透气，以便更好地反映空间层次感。

图5-1-28　调整前的客厅

　　如图5-1-29所示为调整后的软装提案。提案中客厅的地毯为钻石切割面的花纹，搭配爱马仕新款的都市马抱枕，营造出别致高雅的空间氛围。造型独特的金属茶几凸显个性，搭配材质奢华的金属皮草皮革灯，完美地打造出独立都市女性的生活空间。

图5-1-29　调整后的客厅

（三）餐厅空间家具搭配

　　餐厅家具主要包括餐桌、餐椅、卡座、沙发、吧凳、吧桌、餐柜、酒柜、贝贝椅、垃圾桶等。根据风格和功能的不同，可分为中餐厅家具、西餐厅家具、咖啡厅家具、茶馆家具、快餐店家具和餐厅桌椅。

　　图 5-1-30 是某家房地产公司销售中心的吧台区。在这个方案中，吧凳是这个地区的主要家具。为了与极轻奢华的风格相匹配，吧凳采用了具有老款效果的深色材料。皮革材质和扣钉反映了历史的厚重感。红色马头图案与深色材质的经典搭配，使其成为整个空间的重点。

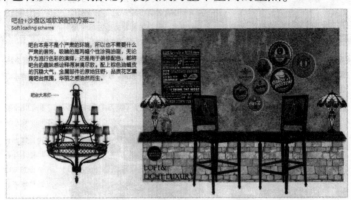

图 5-1-30　吧台区家具设计（重庆信实公司张晓作品）

　　餐厅家具力求舒适、温馨，选择时首先要考虑风格，然后才是造型、材质、色彩之间的关系。图 5-1-31 所示为家居餐厅的设计。本方案在选择餐厅家具时注重家具与其他软装或硬装元素之间的呼应，如桌布立面的半圆形、餐椅的半圆形与餐厅吊灯的圆形呼应，餐椅的黑色靠背与黑色灯罩呼应等。

图 5-1-31　家居餐厅家具设计（重庆汉邦设计罗玉洪作品）

（四）卧室空间家具搭配

　　卧室家具主要由衣柜、床、床头柜、床尾凳、梳妆台、梳妆凳等组成，人们在卧室的时间比生活中任何地方都要多，所以要尽量使用柔和的色彩对比，营造温馨的卧室空间。

　　如图 5-1-32 所示的卧室里，香奈儿山茶花元素的墙面装饰、黑白模特的嵌入式肖像油画、镶嵌钻石的床品以及造型独特的水晶灯，都为都市女性创造了独立而优雅的生活品质。为了体现主人高品质的生活态度，香奈儿独特的弧线造型被延续在床上、床头柜和床尾凳上。床头和床头凳的浅色皮革和天花板的水晶灯是高贵和优雅的最佳诠释。

图 5-1-32　卧室家具设计一（重庆信实公司作品）

　　如果说图 5-1-32 是时尚元素对时尚的演绎，那图 5-1-31 则是传统元素对时尚的完美诠释。尽管时尚是现代人生活的主旋律，是现代人追求的审美体验，但传统文化更加受到人们的重视。因此，如何在时尚中保留传统文化、如何用传统元素体现时尚审美是设计师们需要认真思考的问题。

　　图 5-1-33 所示方案可以从以下几个方面给予大家启示，引导大家思考。

图 5-1-33　卧室家具设计二（重庆信实公司作品）

（1）时尚皮革大背床和传统图案枕头。

（2）统一的色彩使欧式吊灯、床头柜（及台灯）、床尾凳与传统梅花水墨图案等不同风格元素在空间中和谐融合。

（3）床尾长凳上的插花，似乎是地毯上梅花的第二次绽放，现场软装饰手法，画面感和故事感都很强。

（4）壁画采用三幅中式挂画，内容连续统一，传统内容采用现代装裱和表现手法，以时尚表达传统。

图 5-1-34 为衣帽间，不仅是卧室功能的匹配和延续，也是传统风格的运用和展示。

图 5-1-34　衣帽间家具设计（重庆信实公司作品）

（五）办公室空间家具搭配

办公空间分为工作办公区和家庭办公区（书房、画室）。虽然它们在功能上相似，但软风格却不同。工作办公要简朴典雅，陈设要干净整洁；家庭办公要充分展现业主的品位和情操，陈设要突出个性。

1. 工作办公空间家具搭配

图 5-1-35 为某房地产销售中心办公空间的软装饰。办公空间的家具与大堂的原始感有一定的融合。稍微添加一些 loft 元素，可以让空间清爽，更适合工作。角落区域采用拉丝银色不锈钢花卉和绿色植物，为空间增添色彩。

图 5-1-35　销售中心办公空间家具设计（重庆信实公司作品）

2. 家庭办公（书房）空间家具搭配

书房内的主要家具包括书柜、书桌、椅子、沙发、茶几等，由于不同的主人对软装功能的定义不同，不同风格室内空间的书房家具在颜色和材质上也不同，所以家具选择必须要综合考虑。

图 5-1-36 为美式风格的书房。美式家具继承了欧式家具的造型和风格，但整体上更加简洁。橡木、青铜等材质的灯具，配以深色边框、素色灯芯，营造出稳重、低调、奢华的美式风格。

图 5-1-36　书房家具设计一（重庆信实公司作品）

书房是许多文艺青年的爱好。柔和的色彩和朴素的装饰能让人深思。图 5-1-37 中的书房就是由不同深度的大面积高级灰组成的。高级灰是一种内敛中的厚积薄发，它不需要华丽的颜色，它可以成为一个优雅的派系。在该方案的家具风格上，融合了原木的自然风（单椅腿和办公桌腿采用原木材料制作），明亮的白色桌面和幻影般的黑色单椅共同突出层次感，对比鲜明。

图5-1-37　书房家具设计二（重庆信实公司作品）

图5-1-38所示为法式风格书房，书桌、单椅曲线展现了法式特有的优雅，绣墩、墙纸及书柜选用的法式蓝色使空间风格更为突出。

图5-1-38　书房家具设计三（重庆信实公司作品）

（六）卫浴空间家具搭配

虽然浴室空间在整个室内空间中所占的面积相对较小，家具也相对简单，但它往往是主人生活质量的最好体现。因此，浴室空间的家具需要更加精致。

在选择浴室空间的家具时，要注意材料、色彩与空间的关系，营造出温馨柔软的室内空间。家具与室内空间其他元素的色彩对比不应太强烈。

如图 5-1-39 中的浴室空间通过水晶、皮革、红酒杯、金属托盘和金属质感相框与硬质材料进行对比或融合，共同衬托出精致奢华的空间。

图 5-1-39　卫浴空间家具设计（天坊室内设计公司张清平作品）

第二节　布艺面料、地毯、床品的搭配

室内布艺是指以布为主要材料，经过艺术加工，达到一定的艺术效果并满足人们生活需求的纺织类产品。室内布艺包括窗帘、地毯、枕套、床罩、椅垫、靠垫、沙发套、台布、壁布等。其主要作用是既可以防尘、吸音和隔音，又可以柔化室内空间，营造出室内温馨、浪漫的情调。室内布艺设计是指针对室内布艺进行的样式设计和配搭设计。

一、布艺的概述

（一）布艺的分类

室内布艺从使用角度上，可分为功能性布艺（如窗帘、地毯、靠枕和床上用品等）和装饰性布艺（如挂毯、布艺装饰品等）。

1. 窗帘

窗帘具有遮蔽阳光、隔声和调节温度的作用。窗帘应根据不同空间的特点及光线照射情况来选择。采光不好的空间可用轻质、透明的纱帘，以增加室内光感；光线照射强烈的空间可用厚实、不透明的绒布窗帘，以减弱室内光照。隔声的窗帘多用厚重的织物来制作，折皱要多，这样隔声效果更好。窗帘的材料主要有纱、棉布、丝绸、呢绒等。窗帘的款式包括拉褶帘、罗马帘、水波帘、拉杆式帘、卷帘、垂直帘和百叶帘等。

（1）拉褶帘：俗称"四叉褶帘"，即用一个四叉的铁钩吊着缝在窗帘的封边条上，造成 2~4 褶的形式的窗帘。可用单幅或双幅，是家庭中常用的样式。

（2）罗马帘：是一种层层叠起的窗帘，因出自古罗马，故而得名罗马帘。其特点是具有独特的美感和装饰效果，层次感强，有极好的隐蔽性。

（3）水波帘：是一种卷起时呈现水波状的窗帘，具有古典、浪漫的情调，在西式咖啡厅中广泛采用。

（4）拉杆式帘：是一种帘头圈在帘杆上拉动的窗帘。其帘身与拉褶帘相似，但帘杆、帘头和帘杆圈的装饰效果更佳。

（5）卷帘：是一种帘身平直，由可转动的帘杆将帘身收放的窗帘。其以竹编和藤编为主，具有浓郁的乡土风情和人文气息。

（6）垂直帘：是一种安装在过道，用于局部间隔的窗帘。其主要材料有水晶、玻璃、棉线和铁艺等，具有较强的装饰效果，在一些特色餐厅中广泛使用。

（7）百叶帘：是一种通透、灵活的窗帘，可用拉绳调整角度，广泛应用于办公空间中。

2. 地毯

地毯是室内铺设类布艺制品，广泛用于室内装饰。地毯不仅视觉效果好，艺术美感强，还可以吸收噪声，创造安宁的室内气氛。此外，地毯还可使空间产生集合感，使室内空间更加整体、紧凑。根据材质，地毯主要分为如下几类。

（1）纯毛地毯：是一种采用动物的毛发制成的地毯，如纯羊毛地毯。多用于高级住宅、酒店和会所的装饰，价格较贵，可使室内空间呈现出华贵、典雅的气氛。纯毛地毯抗静电性好，隔热性强，不易老化、磨损、褪色，是高档的地面装饰材料。其不足之处是抗潮湿性较差，容易发霉。所以使用纯毛地毯的空间要保持通风和干燥，而且要经常进行清洁。

（2）混纺地毯：是一种在纯毛地毯纤维中加入一定比例的化学纤维制成的地毯。这种地毯图案、色泽和质地等方面与纯毛地毯差别不大，且克服了纯毛地毯不耐虫蛀的缺点，同时提高了地毯的耐磨性，有吸音、保温、弹性好、脚感好等特点。

（3）合成纤维地毯：是一种以丙纶和腈纶纤维为原料，经机织制成面层，再与麻布底层溶合在一起制成的地毯。纤维地毯经济实用，具有防燃、防虫蛀、防污的特点，易于清洗和维护，而且质量轻、铺设简便。与纯毛地毯相比缺少弹性和抗静电性能，且易吸灰尘，质感、保温性能较差。

（4）塑料地毯：是一种质地较轻、手感硬、易老化的地毯。其色泽鲜艳，耐湿、耐腐蚀性、易清洗，阻燃性好，价格低。

3. 靠枕

靠枕是沙发和床的附件，可调节人的坐、卧、靠姿势。靠枕的形状以方形和圆形为主，多用棉、麻、丝和化纤等材料，采用提花、印花和编织等制作手法，图案自由活泼，装饰性强。靠枕的布置应根据沙发的样式来进行选择，一般素色的沙发用艳色的靠枕，而艳色的沙发则用素色的靠枕。靠枕主要有以下几类：

（1）方形靠枕：是一种体形呈正方形或长方形的靠枕，是最常用的靠枕，一般放置在沙发和床头，其样式、图案、材质和色彩非常丰富，可以根据不同的室内风格需求来配置。其尺寸常用的有正方形40厘米×40厘米、50厘米×50厘米，长方形50厘米×40厘米。

（2）圆形碎花靠枕：是一种体形呈圆形的靠枕，经常摆放在阳台或庭院中的座椅上，这样搭配会让人立刻有了家的温馨感觉。圆形碎花靠枕制作简便，用碎花布包裹住圆形的枕芯后，调整好褶皱的分布即可。其尺寸一般为直径40厘米左右。

（3）糖果形靠枕：是一种体形呈奶糖形状的圆柱形靠枕，其简洁的造型和良好的寓意能体现出甜蜜的味道，让生活更加浪漫。糖果靠枕的制作方法相当简单，只要将包裹好枕芯的布料两端做捆绑即可。其尺寸一般为长40厘米，圆柱直径约为20~25厘米。

（4）莲藕形靠枕：是一种体形呈莲藕形状的圆柱形靠枕，古人有"采莲南塘秋，莲花过人头。低头弄莲子，莲子清如水……"的诗词，莲花给人清新、高洁的感觉，清新的田园风格中搭配莲藕形的靠枕，同样也能让人感受到清爽宜人的效果。其尺寸与糖果形靠枕相仿。

（5）特殊造型靠枕：包括幸运星形、花瓣形和心形等，其色彩艳丽，形体充满趣味性，让室内空间呈现出天真、梦幻的感觉。

4. 壁挂织物

壁挂织物是室内纯装饰性质的布艺制品，包括墙布、桌布、挂毯、布玩具、织物屏风和编结挂件等，它可以有效地调节室内气氛，增添室内情趣，提高整个室内空间环境的品位和格调。

（二）布艺的装饰功能

软装设计中的布艺包括窗帘、抱枕、床品、地毯、桌布、桌旗等（图5-2-1）。好的布艺设计不仅能提高室内的档次，使室内更趋于温暖，更能体现一个人的生活品位。

图 5-2-1　软装布艺

布艺是软装设计的有机组成部分，同时在实用功能上也具有独特的审美价值。布艺软装比其他装饰手法更经济、更方便，只要更换一种窗帘或是一种床品，居室马上就会变成另一种风格（图5-2-2）。

装修居室空间时，首先是基本装修，主要处理墙面、地面和顶部，给人一种冷硬的感觉。在后期的软装设计中，布艺可以起到很大的作用。由于其质地柔软，可以给空间注入温暖的气氛，丰富空间层次。

　　由于布艺本身的质地和材质，很容易体现出不同的风格。从复古到现代，从奢华到简约，布艺很容易体现出来。使用时可根据空间风格进行选择，加强风格的表现力。

　　布艺的图案、纹样千姿百态，令人眼花缭乱。业主可以根据自己的喜好和个性进行选择。最终的装修效果也表达了业主的个人品位和审美情趣。

图 5-2-2　布艺装饰可以快速更换家居空间风格

（三）布艺设计的特点

室内布艺设计的特点主要有以下几点：

1. 风格多样，样式丰富

　　室内布艺的风格和样式多样，主要有欧式、中式、现代和田园几种代表风格，其样式也随着不同的风格呈现出不同的特点。如欧式风格的布艺手工精美，图案繁复，常用棉、丝等材料，金、银、金黄等色彩，显得奢华、华丽，体现出高贵的品质和典雅的气度；田园风格的布艺讲究自然主义的设计理念，将大自然中的植物和动物形象应用到图案设计中，体现出清新、甜美的视觉效果。

2. 美观、实用，便于清洗和更换

　　室内布艺产品不仅美观、实用，而且便于清洗和更换。如室内窗帘不仅具有装饰作用，而且还可以弱化噪声，柔化光线；室内地毯既可以吸收噪声，又可以软化地面质感；此外，室内布艺还具有较好的防尘作用，可以随时更换和清洗。

3. 装饰效果突出，色彩丰富

室内布艺可以根据室内空间的审美需要随时更换和变换，其色彩和样式具有多种组合，也赋予了室内空间更多的变化。如在一些酒吧和咖啡厅的设计中，利用布艺做成天幕，软化室内天花，柔化室内灯光，营造温馨、浪漫的情调；在一些楼盘售楼部的设计中，利用金色的布艺包裹室内外景观植物的根部，营造出富丽堂皇的视觉效果。

（四）室内布艺的风格

室内布艺设计风格是指在布艺的设计与搭配上呈现出的具有代表性的独特风貌和艺术品格。室内布艺从风格上主要分为中式庄重优雅风格、欧式豪华富丽风格、自然式朴素雅致风格和现代式简洁明快风格。

1. 中式庄重优雅风格

中国传统的室内设计融合了庄重与优雅的双重气质，中式庄重优雅风格的室内布艺色彩浓重、花纹繁复，装饰性强，常使用带有中国传统寓意的图案（如牡丹、荷花、梅花等）和绘画（如中国工笔国画、山水画等）。

2. 欧式豪华富丽风格

欧式豪华富丽风格的室内布艺，做工精细，选材高贵，强调手工的精湛编织技巧，色彩华丽，充满强烈的动感效果，给人以奢华、富贵的感觉。

3. 自然式朴素雅致风格

自然式朴素雅致风格的室内布艺追求与自然相结合的设计理念，常采用自然植物图案（如树叶、树枝、花瓣等）作为布艺的印花，色彩以清新、雅致的黄绿色、木材色或浅蓝色为主，展现出朴素、淡雅的品质和内涵。

4. 现代式简洁明快风格

现代式简洁明快风格的室内布艺强调简洁、朴素、单纯的特点，尽量减少烦琐的装饰，广泛运用点、线、面等抽象设计元素，色彩以黑、白、灰为主调，体现出简约、时尚、轻松的感觉。

（五）室内布艺的搭配技巧

室内布艺在搭配时应该注意以下几点：

1. 风格的协调性

室内布艺搭配时应注意布艺的格调要与室内的整体环境相协调，如中式风格室内要选用中式风格的布艺产品，欧式风格的室内要配置欧式风格的布艺产品。

2. 充分展现出布艺制品的柔软质感，软化室内空间，提高舒适性

室内布艺搭配时要充分利用布艺制品柔软的质感对室内硬质的装饰材料进行软化，提高使用时的舒适性。如在一些餐饮空间的设计中，由于天花的层高过高，容易造成空间的稀松感，这时可以利用悬挂布艺天幕的方式柔化硬质天花，加强空间的紧凑感。同时，在选择室内布艺的款式、花色和材质时要参考室内整体空间和家具的色彩与样式。如果室内整体空间和家具的色彩较朴素，样式较简单，则室内布艺的款式、花色可以丰富一些，这样可以防止室内空间的单调感。

室内布艺还可以调节空间的视觉效果，如果使用花色较大、较多，颜色较深的布艺，可以使室内空间更加紧凑，具有收紧空间的作用；反之，如果使用花色较小、较少，颜色较浅的布艺，则可以使室内空间更加舒展、开阔，具有扩展空间的作用。此外，室内布艺的图案对调节室内空间的高度也有作用，如竖向条纹的布艺制品可以使室内空间看上去更高一些；而横向条纹的布艺制品则可以使室内空间看上去更宽一些。

3. 体现文化品位和内涵

室内布艺搭配时还应注意体现民族和地方文化特色。如许多中式风格的室内空间常用中国民间的大红花布或蓝印花布来装饰室内，使室内空间展现出浓郁的地方特色。

二、软装布艺的搭配要点

在房间的整体布局中，软装艺术应与其他装饰相协调，其色彩、风格、意蕴等表现形式应与室内装饰风格相统一。色彩浓重、图案复杂的布艺适合欧式空间；色彩鲜艳或浅色简单图案的布艺可以衬托现代空间。在中国风格的室内空间中，最好使用具有中国传统图案的布艺作为陪衬。

　　软装布艺的选择主要是颜色、材质和图案的选择。在选择颜色时，要结合家具的颜色来确定主色调，使整个房间的颜色和美感协调一致。恰到好处的面料装饰可以给家里增添色彩，随意堆放会适得其反。面料颜色的搭配原则通常是窗帘以家具作为参考，地毯以窗帘作为参考，床品以地毯作为参考，饰品以床品作为参考。

　　一般来说，大面积的布艺，如窗帘和床上用品，两者在色彩和图案的选择上都要与整体室内空间和环境相一致。布艺的大面积和小面积可以相互协调或形成对比。例如，地面的颜色要深一点，桌布和床上用品要体现与地面颜色的协调或对比，元素尽量在地毯中选择，用低于地面颜色和明度的图案来达到和谐是一个很好的方法（图 5-2-3~图 5-2-5）。

图 5-2-3　布艺的色彩和图案应与室　　图 5-2-4　根据餐椅选择餐厅的窗帘
　　　　　　内装饰格调相统一　　　　　　　　　　　　布艺

图 5-2-5　布艺色彩搭配参照关系

三、家具布艺的搭配要点

（一）不同软装风格的家具布艺搭配（表5-2-1）

表5-2-1 不同软装风格的家具布艺搭配

欧式风格家具布艺		大马士革图案是欧式风格家具布艺的最经典纹饰，采用佩斯利图案和欧式卷草纹进行装饰同样能达到豪华富丽的效果
美式乡村风格家具布艺		材质一般运用本色的棉麻，以营造自然、温馨的感觉，与其他原木家具搭配，装饰效果更为出色
田园乡村风格家具布艺		常运用碎花图案的布艺，给人一种扑面而来的浓郁乡土气息，让生活在其中的人感到亲近和放松
中式风格家具布艺		中式风格家具往往很少将布艺直接与家具结合，而是采用靠垫、坐垫等进行装饰
法式风格家具布艺		常以灰绿色搭配银色，以展现贵族的华贵气质

（二）沙发布艺的搭配

1. 沙发材质

　　丝质、绸缎、粗麻、灯芯绒等耐磨布料均可作为沙发面料，它们具有不同的特质：丝质、绸缎面料的沙发高雅华贵，给人以富丽堂皇的感觉；粗麻、灯芯绒制作的沙发朴实厚重，表现自然、质朴的气息（图5-2-6）。

图5-2-6　灯芯绒面料的沙发

2. 沙发花型

　　从花型上看，可以选择条格、几何图案、大花图案及单色的面料制作沙发（表5-2-2）。

表5-2-2　适合制作沙发的图案及面料

条格图案		条格图案的布料在视觉上具有整齐、清爽的特点
几何图案		几何及抽象图案的沙发给人一种现代、前卫的感觉

续表

大花图案		大花图案的沙发具有跳跃的视觉特点，可以为家中带来生机和活力
单色面料		单色面料应用较广，大块的单一颜色营造出平静、清新的居室气氛

四、窗帘布艺的搭配

(一) 室内风格和窗帘布艺搭配

作为整个家居的一部分，窗帘应该与整个家居环境相匹配。因此，在选择窗帘之前，首先要明确自己家的装修风格。不同的装饰风格需要搭配不同的窗帘。

欧式窗帘的色调以咖啡色、金黄色、深咖啡色等为主，中式窗帘以红色、棕色为主。田园风格的家装可选择小花或斜格窗帘。在简约风格的装饰中，窗帘的设计和风格应与布艺沙发相搭配，宜选用亚麻或涤棉面料，如米色、米白、浅灰色等浅色。美式窗帘通常由天然棉麻制成，营造出自然温暖的氛围 (图5-2-7~图5-2-10)。

图 5-2-7　欧式风格窗帘

图 5-2-8　中式风格窗帘

图 5-2-9　美式风格窗帘

图 5-2-10　简约风格窗帘

（二）常见的窗帘布艺材质

从面料上看，窗帘面料有雪尼尔、棉质、麻质、纱质、丝质、绸缎、植绒、竹质、人造纤维等。其中，雪尼尔窗帘和丝绸窗帘的面料最为昂贵（图 5-2-11～图 5-2-16）。

（1）雪尼尔窗帘表面的花形有凹凸感，立体感强，能使室内呈现出瑰丽的感觉。

（2）丝质窗帘很有光泽，薄如轻纱，但很结实。它们易于悬挂，给人飘逸的视觉享受，但价格相对昂贵。

（3）绸缎窗帘质地细腻，给人华丽高贵的感觉，但价格相对较高。

（4）许多别墅和会所都想营造奢华的感觉，但这些场所往往不想选择昂贵的丝绸和雪尼尔面料，可以考虑价格相对适中的植绒面料。植绒窗帘具有很好的遮光性能。其缺点是容易扬尘和吸尘，洗后容易缩水，适用于干洗。因此，它不适合家庭使用。

（5）棉麻是窗帘常用的面料，其优点是容易清洗，价格也比较便宜。

（6）纱质窗帘装饰性强，透光性能好，能提高空间的垂直深度，一般适合在客厅或阳台使用。

图 5-2-11　雪尼尔窗帘　　　　　　　图 5-2-12　丝质窗帘

图 5-2-13　棉质窗帘　　　　　　　图 5-2-14　植绒窗帘

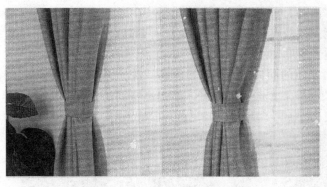

图 5-2-15　麻质窗帘　　　　　　　　图 5-2-16　丝绸窗帘

不同质地的窗帘可以产生不同的装饰效果。想要表现出奢华感，可以选择丝绒、提花面料、绸缎等；想要表现出温暖感，可以选择格子布、灯芯绒、土布等纱质的窗帘。

（三）窗帘布艺的花型搭配

1. 窗帘布艺的生产工艺

窗帘布艺必须考虑图案、色彩和家居的和谐搭配。对于窗帘图案的选择，首先要了解不同工艺的图案特点，并与门窗大小和室内装修风格相协调。

印花布艺的窗帘具有极高的逼真感和精美手绘印染效果（图 5-2-17）。提花艺术的图案是由不同颜色的织物编织而成，经久耐用。绣花织物艺术是将各种图案以绣花的形式表现在窗帘上，图案立体感强，精致细腻。烂花工艺是指布料中的某些材料被腐蚀，使布料变薄，其花式自由多变，既可以年轻活泼，也可以古典华丽。剪花技术主要用于窗纱制作上，图案清晰明亮，色彩丰富，能产生浮雕般的艺术效果。

图 5-2-17　印花窗帘的应用较为广泛

2. 窗帘花型搭配要点

窗帘的花型可以改变窗户带给人的视觉效果。比较短的窗户不宜选用横的花型，否则会使窗户显得更短，采用竖的花型可以让窗户看起来更大一些；花型大的布料不宜做小窗户上的窗帘，避免窗户显得狭小；此外，垂直的花型可以给人以稳重感。

一般来说，小花型文雅安静，能扩大空间感；大花型比较醒目活泼，能使空间收缩。所以小房间的窗帘花型不宜过大，应选择简洁的花型为好，以免空间因为窗帘的繁杂而显得更为窄小。大房间可适当选择大的花型，若房间偏高大，选择横向花型效果更佳。

婚房应选择花型别致、美观的窗帘，使房间洋溢爱情的甜蜜气息；老人房间内的家具一般都比较厚重，可选用朴实安逸的花型，如素色、直条或带传统元素的窗帘，增加古朴典雅的气氛；儿童房的窗帘花型最好用小动物、小娃娃等卡通图案，充满童趣；年轻人的房间窗帘以奔放动感或是大方简洁的花型为宜（图 5-2-18~图 5-2-21）。

图 5-2-18　大花型窗帘使空间具有收缩感　图 5-2-19　小花型窗帘能扩大空间感

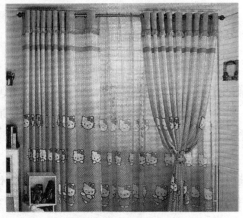

图 5-2-20　婚房中的红色花型　　　图 5-2-21　带有卡通图案的窗帘是儿童房
窗帘给房间增加浪漫的气氛　　　　　　　　　的最佳选择

（四）窗帘布艺的色彩搭配

深色窗帘显得庄重大方，浅色基调、透光性强的薄型窗帘面料能营造出一种庄重、简约、大方、明亮的视觉效果。

需要充分考虑窗帘的环境色彩体系，特别是针对家具的颜色，比如客厅窗帘的颜色最好从沙发图案中选择。例如，白色的意大利式沙发上往往装饰着粉色和绿色的图案，窗帘也不妨选择粉色或绿色的布料，整体上比较和谐。

　　如果室内色彩柔和，为了使窗帘更具装饰性，可以加强色彩对比，比如在鹅黄墙上挂蓝紫色的窗帘；如果室内有亮色的山水画，或其他亮色的家具、装饰品等，窗帘最好简洁大方（图5-2-22、图5-2-23）。

图5-2-22　从客厅沙发中　　　图5-2-23　运用色彩对比的手法突出窗帘
提取颜色应用到窗帘上　　　　　　　　　　的装饰感

（五）不同窗型的搭配

　　新房设计风格呈多样化的趋势，所以出现了很多造型各异的窗型，要根据不同窗型来配搭合适的窗帘，也是一门不小的学问，达到"量体裁衣"的效果可以为家居环境画龙点睛（表5-2-3）。

表5-2-3　不同窗型搭配

飘窗		多见于卧室、书房、儿童房等空间的一种窗型。很多人喜欢坐到窗台上看书阅读，因此对窗帘的光控效果要求较高。一般可以选择使用双层的窗帘，即一层主帘加一层纱帘

高窗		有些跃层窗户的高度大约有5~6米，因为窗子过高，较为适合安装电动轨道，有了遥控拉帘装置，就不会因窗帘过高不易拉合而担忧
拱形窗		拱型窗的窗型结构比较美观，具有浓郁的欧洲古典格调，为拱型窗制作的窗帘，应能突出窗形轮廓，而不是将其掩盖
转角窗		一般分为L形、八字形、U形、Z形等类型，常见于餐厅、卧室、书房、儿童房、内阳台等处，由于造型独特，选用窗帘就要因形而异。转角处有墙体或窗柱的八字形窗可选择用多块落地帘分割，方便使用和拆卸
落地窗		落地窗常见于客厅、卧室等主要家居空间，适合选用设计大气的窗帘，简约大方的裁剪、单一且雅净的色调，能为落地窗帘加分。此外，丝柔垂帘也非常适用于落地窗，薄纱可以使室内有充裕的光线又不乏朦胧美感，同时也不失房间的私密性，可谓一举三得

（六）不同空间的窗帘搭配

不同空间的窗户需要相应窗帘的搭配，方能彰显家居格调，营造和谐的居住氛围。小房间窗帘应以比较简洁的式样为好，以免使空间因为窗帘的繁杂而显得更为窄小。而大居室则宜采用比较大方、气派、精致的式样。

表 5-2-4　不同空间的窗帘搭配

客厅窗帘		客厅中的玻璃较多，所以窗帘的材质可以选用能够隔离紫外线和隔热效果较好的类型，不管是材质还是色彩都应尽量选择与沙发相协调的面料，以达到整体氛围的统一
餐厅窗帘		餐厅是一个长期使用的空间，有时难免会有一些油烟，所以最好选用便于洗涤更换的窗帘。以棉、麻、人造纤维材质的窗帘为最佳
书房窗帘		书房需要一个安静的阅读环境，可以选择独具书香味的木质百叶窗帘、隔音窗帘或素色卷帘

厨房窗帘		应选择防水、防油、易清洁的窗帘，一般选用铝百叶或印花卷帘
卧室窗帘		卧室是私密要求较高的区域，窗帘的质地以植绒、棉、麻为最佳。此外，还有绸缎等质感细腻的面料的窗帘，遮光和隔音的效果也都比较好

五、抱枕布艺的搭配

（一）抱枕布艺的造型分类

抱枕是常见的家居小物品，但在软装中却往往有意想不到的作用。除了材质、图案、不同缝边花式之外，抱枕也有不同的摆放位置与搭配类型，甚至主人的个性也会从大大小小的抱枕中流露一二。

抱枕的形状非常丰富，有正方形、圆形、长方形、三角形等，根据不同的需要，抱枕的形状和摆放要求也不同。

表 5-2-5　抱枕的分类

方形抱枕		方形的抱枕最适合放在单人椅上，或成组地和其他抱枕组合摆放，搭配时注意色彩和花纹的协调度

续表

长方形抱枕		长方形抱枕一般用于宽大的扶手椅，在欧式和美式家装风格中较为常见，也可以与其他类型抱枕组合使用
圆形抱枕		圆形抱枕造型有趣，能够突出主题。造型上还有椭圆等卡通立体型的抱枕

（二）抱枕布艺的摆设法则

　　抱枕是一种很好的装饰品，可以改变房间的气质。几个漂亮的抱枕可以提高沙发区的能见度。不同颜色的抱枕搭配不同的沙发会产生不同的美感。

　　最常见的是把沙发摆放得平衡对称，给人一种秩序感。根据沙发的大小，可分别设置1个、2个或3个靠垫枕头。注意枕头的选择，除了数量和大小要适中外，在颜色和款式选择上也要尽量协调。

　　如果大抱枕放在沙发的左右两端，小抱枕放在沙发中间，会给人和谐舒适的视觉效果。而且，从实用的角度来看，沙发两侧的转角处都放置了大抱枕，可以解决沙发两侧坐感差的问题。可以把小抱枕放在中间，避免占用太多沙发空间。

　　对于座位较宽的沙发，需要前后放置抱枕，在离沙发最近的地方应放一个较大的方形抱枕，中间放一个较小的方形抱枕，在外面加一些小腰枕或糖果枕。从而使整个沙发区看起来非常舒适（图5-2-24、图5-2-25）。

图 5-2-24　左右对称摆设抱枕　　　　图 5-2-25　前后叠放摆设抱枕

六、床品布艺的搭配

(一) 床品布艺搭配的三大原则

1. 呼应主题

床品首先要与卧室的装饰风格保持一致，自然花卉图案的床品搭配田园格调十分恰当；抽象图案则更适宜简洁的现代风格。其次，床品在不同主题的居室中，选择的色调也不一样。对于年轻女孩来说，粉色是最佳选择，粉粉嫩嫩可爱至极；成熟男士则适用蓝色，蓝色体现理性，给人以冷静之感（图 5-2-26~图 5-2-29）。

图 5-2-26　田园格调床品　　　　图 5-2-27　男性主题床品

图 5-2-28　女性主题床品　　　　　　　图 5-2-29　现代风格床品

2. 相近法则

为了营造安静美好的睡眠环境，卧室墙面和家具色彩都会设计得较为柔和，因此应选择与之相同或相近色调的床品。同时，统一的色调也会让睡眠质量更佳（图 5-2-30、图 5-2-31）。

图 5-2-30　选择与墙面同色的床品　　　图 5-2-31　选择与窗帘相协调的床品

应选择与窗帘、抱枕等软装饰一致的面料作为床品，进而形成和谐的整体空间氛围。需要提醒的是，这种搭配更适合墙壁和家具坚实的卧室，否则会显得太混乱。

3. 搭配单品

床品包括床单、被子和枕头等，最保守的选择是每件单品都有相同的设计和颜色；为了获得更好的效果，需要在同一颜色系统中使用不同图案的匹配规则，甚至将一个或两个小物品匹配成对比色，使床品为房间增添色彩（图5-2-32、图5-2-33）。

图5-2-32　色彩和谐的单品显得比较沉稳　图5-2-33　选择与窗帘相协调的床品

（二）三类风格的床幔布艺搭配

1. 田园风格床幔

田园风格家居中，有高高"幔头"的床幔，可以轻松营造公主房感觉。这类床幔大都贴着床头，将床幔做成半弧形，为了与此协调，床幔的帘头也都做成弧形，而且大都伴有荷叶边装饰。

田园风格的床幔，冬天最好选择棉质的布料或暖色轻柔的纱幔，春夏季节可以换成冷色纱质。

如果想突出恬静、纯美的感觉，床幔的花色图案可选择白底小碎花、小格子、白底大花或是细条纹等，并配有荷叶边的装饰（图5-2-34）。

图 5-2-34　田园风格床幔

2. 东南亚风格床幔

许多东南亚风格的卧室使用四柱床。对于这种类型的床幔，可以选择穿杆式或吊杆式：吊杆式的床幔纯粹浪漫；穿杆式的床幔则相对华丽大气。

为了营造东南亚风格的原始温馨感，这种风格的床幔通常都用亚麻或纱线制成，大部分颜色是单色的，如玫瑰红、亚麻、灰绿色等（图5-2-35）。

图 5-2-35　东南亚风格床幔

3. 欧式风格床幔

欧式床幔能营造出宫殿般的华丽视觉，造型过程并不复杂。最好选择有纹理的面料或欧洲提花面料。

为了营造古典而浪漫的视觉感，这种风格的床幔的帘头大多用流苏或亚克力吊坠装饰，或者用金线卷起来。如果不想太复杂，可以省略装饰（图5-2-36）。

图 5-2-36　欧式风格床幔

七、地毯布艺的搭配

（一）常见的地毯材质

地毯的材质很多，即使是用同一制造方法生产出的地毯，也会由于使用原料、绒头的形式、绒高、手感、组织及密度等因素的差异，产生不同的外观效果（表5-2-6）。

表5-2-6　地毯的分类

羊毛地毯		羊毛地毯柔软舒适，在各种纤维中弹性最好，因而最厚实保暖。羊毛地毯价格较为昂贵，机织纯羊毛地毯的价格每平方米在千元以上，手工编织的则高达数万元
化纤地毯		分为尼龙、丙纶、涤纶和腈纶四种材料，其中尼龙地毯是目前最为普及的地毯品种。化纤地毯的表面结构各异，饰面效果也多种多样，如雪尼尔地毯绒毛长，PVC地毯起伏有致
真丝地毯		真丝地毯是地毯中最为高贵的品种。但由于真丝不易上色，所以在色彩的浓艳程度上要逊于羊毛地毯。目前市场上一些昂贵的地毯均用真丝制成
混纺地毯		由毛纤维及各种合成纤维混纺而成，色泽艳丽，易清洁，在图案花色、质地和手感等方面，与纯毛地毯相差无几，但其价格却远低于羊毛地毯，每平方米几百元到千元左右
牛皮地毯		最常见的有天然牛皮地毯和印染牛皮地毯两种。牛皮地毯脚感柔软舒适，装饰效果突出，可以表现出空间的奢华感，增添浪漫色彩

续表

麻质地毯		拥有极为自然的粗犷质感和色彩，用来呼应曲线，与布艺沙发或青藤制茶几搭配，效果都很不错，尤其适合乡村、东南亚、地中海等家装风格

（二）影响地毯搭配的三个要素

1. 空间色彩

一般说来，只要是空间已有的颜色，都可以作为地毯颜色，但还是应该尽量选择空间使用面积最大、最抢眼的颜色，这样搭配比较保险。如果家里的装饰风格比较前卫，混搭的色彩比较多，也可以挑选室内少有的色彩或中性色（图5-2-37）。

图5-2-37　利用卧室的主色调作为地毯的颜色最为合适

2. 采光情况

朝南或东南的住房，采光面积大，最好选用偏蓝、偏紫等冷色调的地毯，可以中和强烈的光线；如果是西北朝向的，采光有限，则应选用偏红、偏橙等暖色调的地毯，这样可以减轻阴冷的感觉，同时还可以起到增大空间的效果（图5-2-38）。

图 5-2-38　采光较好的房间适合搭配冷色调的地毯

　　如果茶几和沙发都是中规中矩的形状，可以选择矩形地毯；如果沙发有一定弧度，同时茶几也是圆的，地毯就可以考虑选择圆形的；如果家中的沙发或茶几款式异形，也可以向厂家定做，不过价格会相对较高（图 5-2-39）。

图 5-2-39　暖色地毯可以减轻阴冷的感觉

（三）不同室内风格的地毯搭配

　　地毯不仅是提升空间舒适度的重要元素，其色彩、图案、质感也在不同程度上影响着空间的装饰主题。可以根据空间整体风格，选择与之呼应的地毯，让主题更集中（表5-2-7）。

表5-2-7 不同风格的地毯搭配

现代风格地毯搭配		多采用几何、花卉、风景等图案，形成较好的抽象效果和居住氛围，在深浅对比和色彩对比上与现代家具有机结合
乡村风格地毯搭配		自然材质轻松质朴的气息使乡村主题更加集中，乡村风格家居可以选择动物的皮毛或图样做地毯，也可以搭配一块纯天然材质的地毯来呼应家具的乡村格调
中式风格地毯搭配		中式风格家居空间选择可具有抽象中式元素图案的地毯；也可选择传统的回纹、万字纹或描绘着花鸟山水、福禄寿禧等中国古典图案的地毯
欧式风格地毯搭配		这种风格的地毯多以大马士革纹、佩斯利纹、欧式卷叶、动物、建筑、风景等图案构成立体感强、线条流畅、节奏轻快、质地淳厚的画面，非常适合与欧式家具相配套
东南亚风格地毯搭配		充满亚热带风情的东南亚风格，休闲妩媚并具有神秘感，常常搭配藤制、竹木的家具和配饰，可选用以植物纤维为原料手工编织的地毯

（四）家居空间的地毯搭配

1. 客厅地毯搭配

如果布艺沙发的颜色较为丰富，可以选择单色和无图案的地毯样式。在这种情况下，配色的方法是从沙发上选择大面积的颜色作为地毯的颜色，这样搭配起来会很和谐，不容易因为颜色太多而显得凌乱。如果沙发的颜色比较单一，而墙面又是一种亮色，可以选择条纹地毯，也可以选择自己喜欢的图案，而且颜色搭配是以比例大的同一种颜色为主。

小型公寓对空间的整体灵活性有很高的要求。客厅的地毯可以跳出沙发和家具的颜色，对墙壁、窗帘甚至悬挂的装饰品都有跳跃而明亮的反应。材料、图案和颜色构成一个层次性的反应。大户型的客厅地毯更注重大气稳重的图案和传统的图案，与沙发和家具相结合，具有协调感。

客厅地毯尺寸的选择应与沙发尺寸相匹配。如果客厅选择 3+1 休闲椅，或 3+2 沙发组合，地毯的尺寸应以整个沙发组合中围起来的腿和脚可以压地毯为标准。很多家庭往往只考虑三人座的长度，导致地毯尺寸不够，不仅影响视觉效果，而且容易导致单人或双人座摆放倾斜（图 5-2-40、图 5-2-41）。

图 5-2-40　客厅地毯的图案和色彩　　　图 5-2-41　客厅地毯的尺寸应
　　　　要与整体相呼应　　　　　　　　　　　与家具尺寸相适应

2. 餐厅及卧室地毯搭配

地毯对餐厅来说功用很特殊，经常移动餐桌椅对地面的磨损非常厉害，地毯可以有效减少这种磨损，延长地板的使用寿命。如果担心打理问题，可搭配性价比高、相对更耐用的麻质地毯。卧室地毯搭配卧室是整个住宅空间相对私密的场所，在地毯的选择上，应着重考虑舒适度，选择短、长羊毛毯更为合适。无论是色泽协调柔和的小花图案，还是色彩对比强烈的地毯，都可以凸显空间温馨与层次感（图5-2-42、图5-2-43）。

图5-2-42　餐厅地毯兼具美观与避免地面被磨损的双重功能

图5-2-43　卧室铺设地毯增加温馨的氛围

3. 过道地毯搭配

　　过道地毯应考虑前后两个空间的风格特点，如果两个空间的风格是统一的，那么就可以选择与这个风格统一的图案颜色；如果两个空间的风格不一样，那么在选择其中一个的时候应该更加注意过道地毯，但是千万不能使用第三种风格，否则会产生令人混乱的视觉效果。作为一种空间软装饰，在选择过道地毯时，过道形状可以等比缩小，从而达到视觉的平衡和协调。走廊光线较暗时，应选择颜色鲜艳的地毯。走廊光线充足时，可选择颜色沉稳的地毯（图5-2-44）。

图5-2-44　过道地毯的色彩纹样与案几上的花瓶形成和谐的呼应

4. 玄关地毯搭配

　　由于玄关处是进出门的必经之地，地毯踩踏较频繁，所以尽量选择麻质或短毛、高密度的地毯，这些材质的地毯防尘抗污性相对较高，也更易清洁打理。

　　由于玄关位置的特殊性，此处的地毯要尽量小而薄。尤其是小户型的玄关地毯，一般只能放置 50 厘米×50 厘米左右，但是小且薄的地毯通常防滑性能不佳，可以考虑在地毯下加一块防滑垫。

5. 厨房地毯搭配

厨房是个油烟味重的地方，因此家庭的厨房一般都不会考虑铺地毯。但事实上，厨房布置地毯在国外是比较流行的。在厨房中放置颜色较深的地毯，或者面积较小的地毯，不仅解决了清洁的问题，还为普通的厨房增色不少。但要注意放在厨房的地毯必须防滑，同时如果能吸水最佳，最好选择底部带有防滑颗粒的地毯类型，不仅防滑，还能很好地保护地毯。

6. 卫浴间地毯搭配

卫浴间比较容易打滑，地毯需要具有吸水、防滑功能，所以应选择棉质或超细纤维地垫，其中尤以超细纤维材质为最佳，一块色彩艳丽的地毯可以为卫浴间增色不少（图 5-2-45）。

图 5-2-45　彩色小块毯为卫浴间增添活力

八、餐桌布艺搭配

（一）不同室内风格的桌布搭配

各式各样不同风格的桌布，总能为家居渲染出不一样的情调（表5-2-8）。

表5-2-8　不同风格的桌布搭配

简约风格桌布		简约风格适合白色或无色效果的桌布，如果餐厅整体色彩单调，也可以采用颜色跳跃一点的桌布，给人眼前一亮的效果
田园风格桌布		田园风格适合选择格纹或小碎花图案的桌布，显得既清新又随意
中式风格桌布		中式风格桌布能够体现中国元素，如青花瓷、福禄寿禧等设计图案，传统的绸缎面料，再加上一些刺绣，让人觉得赏心悦目
法式乡村风格桌布		深蓝色提花面料的桌布含蓄高雅，很适合映衬法式乡村风格

（二）桌布的色彩搭配

不同颜色和图案的桌布装饰效果不同。如果桌布的颜色过于艳丽花哨，再配上其他的软装饰，很容易给人一种凌乱的感觉。

如果用深色的桌布，最好用浅色的餐具。深色餐具会影响食欲。深色桌布能反映餐具的质地。高纯度、高饱和度的桌布非常抢眼，但有时也会给人一种压抑的感觉，所以不仅要在桌上使用，还要在其他地方使用同色系的配饰进行呼应。(图5-2-46、图5-2-47)

图5-2-46　使用高纯度色彩的桌布要有其他饰品进行呼应　　　　图5-2-47　桌布的色彩应与餐桌椅相协调

(三) 不同餐桌形状的桌布

如果餐桌的形状是圆形的，在为餐桌搭配桌布的时候，我们应该选用一块绣着花边的大桌布，并在其顶部铺上一块小桌布作为装饰，进而显示出一种典雅的艺术效果。圆桌布的尺寸应在圆桌的直径的基础上外围扩展30厘米。例如，如果桌子的直径为90厘米，则可以选择直径为150厘米的桌布 (图5-2-48)。

方桌可以先铺一块方巾，再铺一块小方巾。铺小桌布时，方向可以改变。把直角放在桌边的中心线上，使桌布的底部形成一个三角形的图案。方桌桌布最好选择大气的图案，不宜使用单色。另外，方桌布四周下垂的尺寸一般在15~35厘米左右。

图 5-2-48　圆形餐桌的桌布搭配方案

　　如果在家里使用长方形的桌子，可以考虑用桌旗来装饰桌子，桌旗可与素色桌布和同样花色的餐垫搭配使用（图 5-2-49）。

图 5-2-49　方形餐桌的桌布搭配方案

第六章 现代软装设计的其他元素

第一节 室内绿化、花艺的设计

随着社会发展和城市化进程加快，在城市中高楼耸立、人们步履匆匆的现象屡见不鲜。由于城市人口数量庞大，土地资源紧缺，山水田园式的乡村生活与人们渐行渐远，大多数的人都是居住在"钢筋混凝土式的火柴盒"里。据统计表明，人们一生中三分之二的时间都在室内度过。生活在千篇一律的人工环境当中，人们更加渴望亲近自然、拥抱自然。在这一时代背景下，现代客厅的绿色时尚流行起来。它强调的是用绿植搭建一个清新、自然的生活氛围。

一、现代居室绿化装饰的意义与作用

（一）装饰美化，改善室内环境

现代居室装饰主要包括硬装饰和软装饰。硬装饰的主要内容包括空间模式的调整、房间的整体设计和家具的选择。软装饰是基于硬装饰的二度装饰和布置。在当今高度发达的经济和社会发展中，客厅的装饰注重"三点装修、七点装扮"。现代客厅的美化是基于对环境条件、空间格局和客厅总体风格的考虑，将审美原则与个人喜好相结合，协调合理安排环境空间元素，添加绿色装饰材料，添加由硬件和软件装饰形成的刚性线条和板状元素，利用植物生命力打破刻板印象，打破人造环境中的单调乏味，创造一个自然、舒适的环境。

同时，利用绿色植物的生态特性来改善内部气候环境。充分发挥"环境加湿器""绿色氧吧""绿色消毒剂"和"绿色吸尘器"等植物功能，用桂花、龟竹等植物滞尘。芦荟、银苞芋、吊兰、常春藤、龙舌兰等植物

具有吸收废气的功能，能释放和补充氧气，对人体有益。同时，现代建筑装饰大多使用各种有害化工涂料，而室内叶面植物对有害物质的吸收能力强，可以大大减少人为造成的空气污染。

（二）改变空间形态

绿色装饰也可以改变空间结构。根据生活活动的需要，利用一系列植物将内部空间有机地分割开来，创造出一个绿色、多样的空间区域。利用藤蔓植物的攀爬习惯，放置在一个花架、楼梯或居室格架中，以形成一个绿色屏幕，发挥障景功能，允许空间隐私和增加空间的水平。此外，对于房间内部难以使用的角落，也就是死角空间，可以选择合适的观赏植物来填充，不仅能掩盖房间的空荡感，还可以在装饰空间中发挥作用。最后，植物的大小和高度特征本身也可以用来调整空间的比例，最大限度地利用有限的内部空间。

（三）修养身心、陶冶情操

在室内种植绿色植物能够增强居住者的身心健康。首先，绿色植物可以改善人们的情绪，放松神经，缓解焦虑。植物散发的气味对人体健康大有益处，如玫瑰的香味有利于喉咙痛和扁桃体发炎的治疗，丁香花的香味对治疗牙痛有益。其次，室内绿色装饰是一种让人们欣赏和净化灵魂的精神行为。室内绿色植物的生态功能满足了人们亲近自然、回归自然的心理需求。在居住环境中种植和放置绿色植物，通过观察树叶、欣赏花朵、闻花香和其他行为活动来增加生活情趣和享受大自然的乐趣。绿色植物再次激发了人们的想象力。比如，贺知章在《咏柳》中把柳树想象成一个小玉女，周敦颐在《爱莲说》中把荷花比喻成花之君子，张羽在《咏兰花》中把兰花的柔和香气、婀娜多姿描绘得淋漓尽致，还有一些文人把水仙花描绘成凌波仙子，把枫叶描绘成生命的夏光。因为爱花，人们形成了对此丰富的想象力，激发了创造的动力，并培养了情操。

二、现代居室绿化装饰的材料

到目前为止，居家绿色装饰的配置方法主要基于审美原则和景观艺术设计规范，综合考虑整体布局，在细节上运用合适的植物材料进行装饰，是管用的做法。常见的植物包括盆栽、盆景、插花和新兴的水培花卉。

（一）盆栽

盆栽植物是种植在花盆或其他容器中供人们观赏的绿色装饰品。它的特点是管理和维护成本低，容易获得。它已被公众广泛认可，是现代居室绿色装饰中最常见、最受欢迎的元素。盆栽植物的装饰应用主要考虑植物和盆栽两个方面。植物的选择因人而异，因房间而异，取决于天气和季节，形成不同的风格和装饰效果。花盆被用作植物的辅助部分，有不同的形状、规格和质地。普通的花盆包括瓦盆、塑料盆、瓷盆、木盆和紫砂盆等。每个花盆都有不同的特性和缺点。此外，还有专为放置花盆而设计的花架，它们共同构成花盆中植物的装饰元素。

（二）盆景

盆景是在盆栽的基础上进一步发展和加工的综合性造型艺术。它类似于中国山水画和中国古典园林。它模仿自然，但高于自然。盆景作为一种造型艺术，被保存在绿色植物、岩石等中。因此，盆景也被称为活的三维艺术，根据盆景的重要性，盆景被称为"一景、两盆、三几架"，具有文化价值、生态价值、审美价值和经济价值。与盆栽相比，盆景制作过程长，造型烦琐，管理维护要求严格。它的实现主要是靠盆景爱好者和盆景的商业生产者。

盆景是一件高雅的艺术品，在室内使用盆景时，不仅要考虑盆景的美，考虑植物的生长习性和生存环境，还要考虑盆景的位置、类型和大小，盆与几架位置的搭配，以及盆景与环境和周围空间的协调。盆景一般用于中式住宅空间，放置在角落的桌子或橱柜上，它也可以放在书房或桌子的两边，与国画、对联等作品一起展示，营造出一种优雅而完整的书画氛围。

（三）插花

插花艺术在中国有着悠久的历史和传统，是中国古典园林艺术的一抹亮色。带有花、果实和叶子的树枝是从植物上剪下来的，经过适当的切割处理后，将其插入花瓶的方法称为插花。插花艺术具有很强的气候性、自由性、装饰性和生命力等特征，深受现代居民的喜爱。根据民族习惯和文化渊源，欧美插花和东方插花是不同的。欧美的插花通常是基于规则的图案，这种风格以其美丽的色彩和饱满的花朵图案而闻名；东方风格的插花吸收了中国绘画和古典园林艺术的精髓，并注重诗歌、画面和风景的融合。中式插花花卉材料简洁明了，主要是不对称的自然构成；突出单个线条的形状，注意表达小花姿态的魅力；颜色优雅，配以香草。

插花造型的设计原则是明确的、平衡的、与环境相协调的。在室内装饰的具体应用中，欧美插花主要是用来营造一个温暖而充满活力的环境。一般来说，客厅里可以摆放茶几和餐桌。东方风格的小花布置主要是用来创造一个安静和优雅的环境。高几、书架、中式玄关、餐桌等是最好的选择。鉴于插花材料不同于盆景，具有很强的生命力，插花作品的生命周期较短，自然死亡大约需要 7 天，应特别注意插花材料的保存。除了每天定期给花和叶子浇水之外，还可以使用防腐剂来保持花瓣和叶子的颜色，这可以减缓衰老并提高花的视觉质量。此外，为延长插花时间，插花材料还可进行切口物理处理、水切割、热处理、酸碱处理、烧伤、增加营养等方式。

（四）水培花卉

水培花卉是一种新型的室内装饰材料。利用无土栽培技术，陆生花卉被驯化，最后在水中正常生长。与盆栽植物相比，水培植物具有明显的优势：（1）能调节当地小气候，表现常规植物的生态习性，调节空气湿度；（2）具有很强的观赏价值，能进行鱼和花的生态循环，创造生命力；（3）易于操作和维护；（4）清洁卫生，水培花卉不产生细菌、真菌、蚊子等，这有利于家庭健康。

水培花卉的装饰应用通常与花盆中的花卉相同，但在养护管理上有一定的差异：（1）更换水。一般情况下，自来水放置半天，按比例添加，春秋两季的换水周期为 5~10 天，夏季为 5 天，冬季为 10~15 天。（2）温度调节。考虑到植物的生长特性，水温可控制在 5~30℃ 之间，以确保植物正常生长。（3）清洁。每次换水时都要清洗植物的根部和容器，以确保植物的正常生长。（4）加入营养液。一般来说，市场上购买的营养素是按比例添加的，添加周期与水转移周期一致。

三、居室绿化装饰要领

（一）将植物作为空间构成要素进行统筹考虑

在传统意义上，室内绿化植物主要是作为空间中的装饰品。总的来说，植物和软装饰的其他方面并没有从根本上被认为是空间设计的因素，也没有包含在空间的构成要素中。

在绿色装饰的现代应用中，强调植物在空间中的作用和地位，赋予植物最大的功能，营造环境氛围，表现两种空间形态，为附近的人们提供空间维度，形成丰富多样的视觉体验，改变建筑环境的冷漠和单调感。

（二）注重植物对人心理感受的影响

绿色植物的装饰是一门雅事。通过室内植物的装饰设计，培养人们热爱生活、热爱环境的情怀。绿色室内装饰设计的过程是人与自然和谐共处的过程，从中人们可以获得各种类型的照明、陶冶情操和净化心灵。此外，植物也能对人产生积极的心理影响。绿色植物的生命力和生命活动可以创造出与自然相似的时空美。它增加了客厅环境的表现力和感染力，丰富了人们的心理活动，使他们赏心悦目，产生情感联想和升华，在事物之外和场景之外形成意义。一些心理学家发现，丁香花和茉莉让人平静和放松，紫罗兰和水仙花让人感到安宁和平静，玫瑰让人兴奋和快乐。

（三）引领新时代环保意识的增强

随着人们环保意识的不断提高，绿色植物在住宅空间装饰美化中的应用将越来越普遍和普及。绿地的城市景观设计逐渐从外部空间延伸到室内空间。通过内外空间的循环，自然景观被引入内部空间，使居住者感受到自然的吸引和趣味，成为与自然交流的一种方式，激发人们对自然的向往和热爱，增强自然和生态环境保护意识。

四、居室内各空间的绿化装饰应用

（一）客厅

客厅是人们日常生活活动的主要区域，是家庭活动的中心和接待客人的重要场所，是房间绿色装饰的重点。客厅的装饰性绿色风格在一定程度上可以突出主人的身份、地位和爱好，整体设计应该突出温馨快乐的家庭氛围。植物的选择和布局应该突出重点，不应杂乱无章，力求美观、大方、庄重，同时注意与其他元素的协调，如客厅家具的风格和墙壁的颜色。

（二）卧室

卧室是人们睡觉的地方，人大约三分之一的时间人都在睡觉，所以房间的装饰也非常重要。卧室环境应该安静舒适，而且有利于睡眠和消除疲劳。房间的绿色装饰设计应与地面、家具、窗帘、墙面、天花板、床上用品等元素相协调。可用中、小型观叶植物或多浆植物来装饰，如吉祥草和虎尾兰，适当数量为两盆。

（三）书房

阅读和写作是书房的主要功能，有时也是接待客人的地方。书房的绿色装饰营造出清新优雅的风格，营造出安静、祥和、雅致的学习环境。植物的布局不应该太引人注目。选择色泽不太耀眼、体态不太突出的植物，要体现含蓄而不外露的氛围和风格。绿化装饰应选用规则的叶面植物，颜色简洁、典雅。对于叶子过大、过小、过碎或颜色过浓的植物，应慎重挑选。

（四）餐厅

餐厅是人们每天应该聚集的地方。主要用于家庭成员或客人的用餐和聚会。装饰时，主题应该是甜蜜的、干净的和丰富多彩的，室内观叶植物可以适当放置。在节省空间的前提下，可以选择小型植物进行立体装饰。例如，有许多室内观赏植物，小而精致，如观赏凤梨、孔雀竹芋、文竹、龟背竹、百合草等，或者在角落里插上一株纤细而光亮的枝叶，如黄金葛、荷兰铁、马拉巴粟等，这些能提供能量和增加食欲，并形成一个愉快和干净的用餐环境。

（五）卫生间、浴室

浴室、卫生间和其他室内空间之间最显著的差异主要表现在高温、高湿和低光照。浴室和盥洗室通常不需要以特殊的方式进行装饰，但是它们可以放在水槽中的一个小瓶中，放在窗台上，放在储物罐中，插入一朵小花或从适应性更强的盆栽植物中选择材料，如蕨类植物、冷水花等。

现代居室的绿色装饰不仅能增添自然氛围，还能美化室内环境，使之赏心悦目、趣味盎然，还能净化空气、减少污染，有益身心健康。可以说，室内绿色装饰是一种精神行为，它可以放松精神，打破单调呆板的环境装饰，平衡和改善身心状态，提供一种人们向往的、现代科技所不能给予的自然美。

第二节 挂画、壁纸等的装饰品设计

一、挂画

一个雅致的室内空间，挂画是必不可少的。挂画可以直接反映出空间主人的文化艺术修养，所以它实际上是空间主人性格的外在表现。软装饰设计师只有具备较强的绘画鉴赏能力，才能控制空间与挂画的关系。

熟悉绘画有很多方法：一是阅读专业书籍；二是参观专业艺术展览；三是参观画廊。需要注意的是，由于画家水平参差不齐，并非所有画廊的作品都是优秀的作品，因此专业软装设计师必须有眼光来辨别优劣。

（一）绘画的分类

1. 按种类分

绘画从种类上可以分为中国画、油画、水彩画、版画和现代装饰画，如图 6-2-1、图 6-2-2 所示。

图 6-2-1 不同种类的画

图 6-2-2　重庆市巴南区沈娅作品

2. 按题材分

以中国画为例，绘画从题材上又可以分为山水画、人物画、花鸟画和民俗画。

山水画以山川自然景观为主要描写对象，着力强调游山玩水的士大夫以山为德、以水为性的内在修为意识和咫尺天涯的视觉意识，集中体现了中国画的意境、格调、气韵和色调，如图 6-2-3 所示。

图 6-2-3　沈周《吴中揽胜图卷》（局部）

人物画大体分为道释画、仕女画、肖像画、风俗画和历史故事画等。人物画力求将人物形象刻画得逼真传神，气韵生动，形神兼备。其传神之法，常把对人物性格的表现寓于环境、气氛、身段和动态的渲染之中。图 6-2-4 所示为人物画《马球图》。

图 6-2-4　《马球图》

花鸟画是指用中国的笔墨和宣纸，以花、鸟、虫、鱼、禽兽等动植物形象为主要描绘对象的绘画，属于中国传统的三大画科之一。从广义上讲，花鸟画所描绘的对象实际上不仅仅指花与鸟，而是泛指各种动植物，包括花卉、蔬果、翎毛、草虫和禽兽等。花鸟画集中体现了中国人与自然生物之间的审美关系，具有较强的抒情性，通过抒发作画者的思想感情，体现时代精神，间接反映社会生活情况，如图 6-2-5 所示。

图 6-2-5　明代画家周之冕作品

民俗画亦称风俗画，已有一千多年的历史，是我国民间艺术的一个重要组成部分。民俗画的流传范围比皮影、剪纸等艺术形式的流传范围要广泛得多。民俗画最主要的表现形式有风俗画、生肖画和年画，如图 6-2-6 所示。

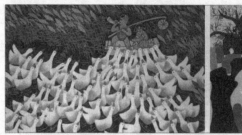

图 6-2-6　户县农民画（左），农家小院（右）

　　西方的油画从题材上主要分为人物画、风景画和静物画几类，可以根据不同的场所选择不同题材的油画，如图 6-2-7 和图 6-2-8 所示。

图 6-2-7　浓墨重彩的油画

图 6-2-8　国信自然天城（陈熠作品）

3. 按绘画技巧分

以中国画为例，传统中国画从绘画技巧上可以分为工笔画与泼墨画。

工笔是中国画的一种绘画技法。所谓的工笔画是指先用浓墨和淡墨勾勒，再按深浅分层次着色的画法。这种画法工整、严谨，如图 6-2-9 所示。

图 6-2-9　工笔画

泼墨也是中国画的一种画法，在表达上比工笔更随性。在作画过程中。可以同时把一碗墨和一碗水泼洒到纸上，随即用手涂抹，间或用大笔挥运，自然而有表现力地使水墨渗化融合起来，干后给人一种"元气淋漓障犹湿"之感，如图 6-2-10 所示。

图 6-2-10　泼墨画

（二）油画的风格

在油画的选择上，除了油画的色彩、主题和表现形式外，对于一些特定的欧式风格的室内空间，也要考虑不同风格的油画作品。选择与室内空间装饰风格相同的油画，更能体现空间厚重感。表 6-2-1 简要介绍了不同历史时期不同风格的油画作品。

表 6-2-1　不同时期不同风格的油画简介

油画风格	油画代表作	特点
文艺复兴时期的写实风格	达·芬奇《蒙娜丽莎》 米开朗基罗《雅典学院》	这个时期的绘画艺术核心特点表现为现实与人文，强调以写实传真的手法表达人的感官、信仰和世界观，注重色彩协调和自然。代表人物有米开朗基罗、拉斐尔和达·芬奇等
古典主义风格	安格尔《自画像》 大卫《跨越阿尔卑斯山圣伯纳隧道的拿破仑》	古典油画比较理性，注意形式的完美，重视线条的清晰和完整，尊重古希腊、古罗马的审美原则。在构图上讲究对称、均衡，在气势上体现庄严、辉煌、崇高，技法精湛，刻画深入，是学院主义的典型代表。代表人物为法国著名画家大卫和安格尔

续表

油画风格	油画代表作	特点
印象派风格	 莫奈《日出·印象》 梵·高《咖啡厅》	印象派油画于19世纪下半叶诞生于法国，强调对客观事物的感觉和印象的表达，发现色彩会受观察位置、光线照射状态和环境影响而产生变化，给现代美术带来极大的影响，但这一派系极少有反映人类生活的主题。代表人物为莫纳、梵·高
现实主义风格	 柯罗风景油画 米勒《拾稻穗》	现实主义兴起于法国浪漫主义时期之后，主题为赞美大自然，表现人们的真实生活，具有极强的艺术兼容性和自由度。代表人物有风景画家柯罗、"农民画家"米勒及自称为"现实主义画家"的库尔贝等

续表

油画风格	油画代表作	特点
表现主义风格	 蒙克作品	表现主义是指 20 世纪初期在北欧诸国流行的一种强调表现艺术家主观感情和自我感受，对客观形态进行夸张、变形乃至怪诞处理的艺术思潮。代表人物之一是蒙克
立体主义风格	 毕加索《亚威农少女》 布拉克《埃斯特克的房子》	立体主义作品刻意减少了描述性和表现性的成分，力求组织起一种几何化倾向的画面结构，将物体多个角度的不同视像结合在画中同一形象之上。代表人物是毕加索和布拉克

续表

油画风格	油画代表作	特点
达达主义风格	达达画派作品	达达主义于20世纪出现于法国、德国和瑞士，其主要特征包括追求清醒的非理性状态和幻灭感，愤世嫉俗，拒绝约定俗成的艺术标准，追求无意、偶然和随兴的境界等
现代抽象派风格	蒙特里安作品	现代抽象派排斥传统的绘画法则，反对传统束缚，反对理性，重视主观感受，画面形式极端，表达出一种知识分子的精神困惑

（三）新兴的装饰画

随着社会的发展，许多新材料被应用到装饰绘画中，出现了大量的新绘画种类。图6-2-11为近年来流行的琥珀画，以琥珀为主要材料进行创作或再创作。由于琥珀是一种比较珍贵的材料，艺术家创作的琥珀装饰画具有收藏和欣赏的双重属性，特别适合别墅、会所等室内空间。

图6-2-11 百立坊作品

（四）绘画作品的装裱

挂画是室内空间不可缺少的软装饰工程。除了选择适合室内装饰风格的绘画作品外，画框的选择也更加精致。如果框架不合适，不仅会影响绘画效果，还会破坏整个室内空间的效果。

1. 画框

欧式画框有多种风格，可根据作品风格选择。古典写实油画一般选用装饰图案较为传统复杂的画框，而现代抽象油画一般选用较简单的画框，可以与室内空间相协调。

选择相框时，还要注意图片的颜色。一般来说，相框和画面的颜色应在明度上有所不同，在色调上尽量选择与图片相似的颜色。图 6-2-12 展示了地中海风格的挂画。选用蓝色边框，在室内空间中与顶部和立面的蓝色相呼应，更好地呈现地中海风格。

图 6-2-12　与室内风格契合的画框

图 6-2-13~图 6-2-17 所示为画框与绘画内容的搭配参考。

图 6-2-13　适合风景画的画框

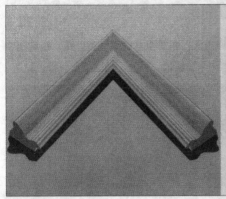

图 6-2-14　适合肖像画的画框

图 6-2-15　适合古典主义油画的画框

图 6-2-16　适合现代风格绘画作品（装饰画）的画框

图 6-2-17　适合照片、简约现代装饰画的画框

2. 装裱

装裱是我国传统绘画、书法作品特有的一种技术，通常用各种绫、锦、纸、绢等材料对纸绢质地的书画作品进行装裱美化或保护修复。装裱的形式主要有卷轴条幅、长卷、装框或册页等，如图 6-2-18 所示。

图 6-2-18　书画装裱

3. 无框

不是所有的绘画作品都一定要装框，在现代简约风格的室内软装中也可以用到不装框的绘画作品，如抽象画、装饰画等。不装框的绘画作品线条明快，能够与墙面很好地融合在一起。

4. 其他装裱形式

随着新技术的发展，照片和装饰画的装裱形式也呈现出多样化的趋势。除了上面讨论的几种装裱形式外，还有其他的装裱形式。

水晶画框因其晶莹剔透、时尚美观而被广泛应用。将水晶陈设放置在安静稳定的中式室内空间中，可以给空间增添一些灵活性和活力，同时将水晶陈设置于现代风格的室内空间中，将与空间氛围更加和谐。

铁艺画框能够传达出怀旧的感觉，更适合乡村风格等室内设计。

亚克力框架时尚简约，色彩丰富，造型各异，适合现代室内空间。

（五）现代装饰画

现代装饰画因其制作方法、材料、风格和表现形式的多样性而广泛应用于现代风格的室内空间，具有很强的装饰性。

根据制作方法，装饰画可分为三大类，即主流的印刷品装饰画、实物装饰画和手绘装饰画。

1. 印刷品装饰画

印刷品装饰画的成本很低。它可以展示任何题材的绘画、摄影或其他视觉艺术作品。因为印刷品主要是纸的，而纸上的装饰画又比较薄，所以必须用框架的方式来表现。

2. 实物装饰画

实物装饰画是用综合材料通过手工制作而成的装饰画，在材料上可以选择金属、干枯植物、玻璃和布料等。成品画很有立体感，装饰性强，如图 6-2-19 所示。

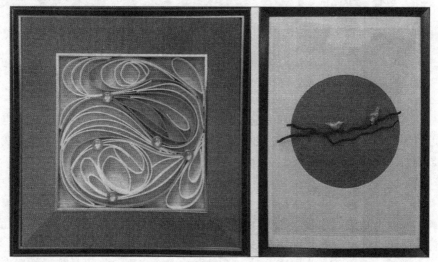

图 6-2-19　实物装饰画

3. 手绘装饰画

广义上的手绘装饰画包括前面章节讲的所有绘画作品，这里讲的手绘装饰画主要是指具有浓郁装饰风格的手绘作品。手绘装饰画常用变形、夸张、抽象等手法，使作品具有较强的装饰性，如图 6-2-20 所示。

图 6-2-20　手绘装饰画

（六）挂画的方式

1. 挂画禁忌与注意事项

画品可以单独使用，也可以组合使用。在挂画时，需要注意以下问题。

画品的体量要与墙面、家具的大小协调，过大会显得画品"膨胀"，过小则会使墙面显得"空"。图 6-2-21 所示的 3 个示例中，第一张画品过大，第二张画品过小。第三张画幅的宽度要略窄于沙发，相对来说比较合适。

图 6-2-21　挂画与家具的比例

如果挂一幅大的单幅油画，画面应该稍微向下倾斜，使人们抬头时的视线与画面垂直。

　　一般来说，装饰画的悬挂高度是指画芯与人的视平线齐高，使人在观看装饰画时不必故意抬头或低头。同时，这个高度在墙的中间，这使得整个空间更加平衡，如图 6-2-22 所示。

图 6-2-22　挂画的高度

　　对于混合风格的挂画，颜色应根据室内陈设的颜色来确定。同时，如果在意境上能将内容与表现有机统一，室内空间更容易获得意想不到的和谐美。在图 6-2-23 所示的图片中，蓝色的椅子和刺绣墩可以从背景墙的装饰画中找到相应的颜色，使整体空间得到协调感。

图 6-2-23　挂画与其他元素呼应

　　选择挂画时不能只考虑画品本身，还要考虑其与周边环境（室内空间的其他软装元素）的形态、大小之间的关系，使之成为一个整体。图 6-2-24中左图装饰画与墙面上的镜子和壁炉形成稳定的三角形关系，右图采用组画的形式让挂画与沙发构成相同的流线走向，从而使挂画组合与沙发在形态上产生共鸣。可以看出，挂画时需要考虑画品与周边一切物体之间的关系，这样才能与整体空间保持和谐统一。

图 6-2-24　挂画与周边环境的和谐统一

2. 公式化挂画方法

为了使挂画获得统一和平衡感，有一些简单的公式化挂画方法可以让设计师快速找到合适的挂画排版。

其实学习设计的过程也是从方法、公式开始，先找到解决问题的方法，然后上升一个层次，忘记公式，形成美学上的判断。

（1）对称挂画法。对称挂画法比较简单，而且容易获得平衡感，所以在室内软装中得到广泛应用。对称挂画法一般采用同一色系或内容相同、相似的挂画，使画面更显统一，如图 6-2-25 所示。

图 6-2-25　对称挂画法

（2）重复挂画法。重复挂画法采用相似的绘画风格、相同的尺寸、相同的框架进行等距重复悬挂，属于对称挂画法的推广应用。由于体积大、视觉冲击力强，因而需要在层高较高、立面面积较大的空间中使用重复挂画法，如图 6-2-26 所示。

图 6-2-26　重复挂画法

（3）均衡挂画法。均衡挂画法属于对称挂画法的派生应用。对称挂画法左右装饰画的大小、数量是完全一样的，而均衡挂画法左右装饰画在大小、数量上有一定的变化，但仍给人视觉上的对称和平衡感，如图 6-2-27 所示。

图 6-2-27　均衡挂画法

（4）边线挂画法。边线挂画法就是让一组画的某一边对齐，使画面显得统一又有变化，对齐的边线可以是一组画的底部、项部、左边或右边，如图 6-2-28 所示。

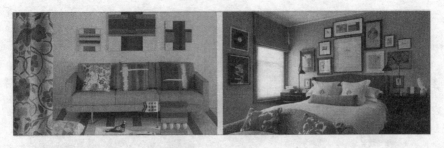

图 6-2-28 边线挂画法

（5）边框挂画法。边框挂画法即用一组画构成一个虚拟的方框，使整个挂画看起来整齐有条理，而方框内部的画框则可以有大小或横竖的变化。这种挂画方式容易获得统一感，同时还可以避免对称挂画法的单调感。图 6-2-29 所示为边框挂画法。

图 6-2-29 边框挂画法

（6）菱形挂画法。菱形挂画法是以一幅画为中心向四周发散，因整体呈菱形而得名。这种挂画方式生动活泼，富于变化，充满动感，如图 6-2-30 所示。

图 6-2-30 菱形挂画法

（7）对角线挂画法。对角线挂画法一般是由低到高或由高到低的连续性挂画，如果将组画的外边缘看作一个矩形，那么最左边与最右边的一幅画处于对角线的两端，如图 6-2-31 所示。

图 6-2-31　对角线挂画法

（8）结构挂画法。结构挂画法是指依据室内建筑的结构来选择挂画方式。这种挂画法通常要用更多的作品来组合。图 6-2-32 所示为楼梯墙面的挂画，挂画随着楼梯台阶的升高而升高，对画框（画幅）的大小和排列方式进行调整，使其沿着楼梯的倾斜方向布局。

图 6-2-32　结构挂画法

（9）自由挂画法。自由挂画法就是不规则挂画法。这种挂画方式的模式不固定，相对自由，给人一种放松、自然、休闲的感觉。自由挂画法注重相对均衡，需要考虑画框大小、画面重色（接近黑色的色彩）在整个墙面的均衡分布，如图 6-2-33 所示。这种挂画方式比较考验设计师对整体画面的掌控能力。

图 6-2-33 自由挂画法

（10）搁置法。搁置法是将装饰画直接放在搁板或家具上，从而能够与摆件更好地融合在一起。装饰画与摆件可以随时调整或更换位置，如图 6-2-34 所示。

图 6-2-34 搁置法

二、壁纸

装饰材料是建筑装饰工程的物质基础，是装饰设计和装饰材料实际效果的颜色、纹理和质感的具体表现。作为现代家居装饰的重要组成部分，内墙装饰材料在所有家居装饰中所占比例最大。目前，市场上的墙面装饰材料包括壁纸、镜面、涂料、硅藻泥、陶瓷、玻璃等不同的品种，它们优势各异，基于每个房间的功能和环境灵活选择。壁纸是这些材料中使用最多、用途最广的地板材料，广泛用于居室内墙以及公共场所中饭店、商场、酒店的墙壁上。

自 20 世纪 80 年代以来，壁纸逐渐成为一种家居装饰材料，并广泛应用于室内装饰。它起源于唐代的纸画，后来通过英国的生产和印刷演变成现代壁纸。其发展经历了这一过程：纸 ——→ 纸上涂画 ——→ 发泡纸 ——→ 印花纸 ——→ 对版压花纸 ——→ 特殊工艺纸。

　　壁纸的使用打破了涂料的垄断，以其多样的色彩、丰富的图案、豪华的风格、易于施工和适宜的价格，被广泛应用于室内装饰，如房屋、办公室、酒店等，尤其是在欧美国家。

　　随着科技的发展和产品设计的不断创新，市场上的壁纸可以说是美丽多彩的，其材料分为以下几类。

（一）纸基壁纸

　　纸基壁纸（图6-2-35）是由纯纸经涂布、印刷、压花或表面涂塑制成，最后经切割包装而成。有很多种产品，如覆膜壁纸、涂布壁纸、压花壁纸等为代表，如下所示。

　　　（a）纯纸印刷壁纸　　　　　　　（b）金银箔类壁纸

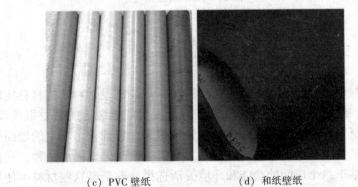

　　　　（c）PVC壁纸　　　　　　　　（d）和纸壁纸

图6-2-35　纸基壁纸

1. 纯纸类壁纸

纯纸类壁纸的基材是纸，着色好，适合印染。如果有艺术要求，也可以在上面进行工笔画创作。大规模生产主要以印刷方式进行，自然、舒适、无气味、生态环保且透气。

2. 金银箔类壁纸

金银箔壁纸以纸为基材，由金箔、银箔、铝箔和铜箔制成，具有明亮华丽的效果。贴金工艺很有技术含量，具有很高的价值，防水防火，在施工过程中要求对墙壁和操作人员有很高的熟练程度，表面容易氧化，并且由于其金属特性需要特殊的维护。

3. PVC 壁纸

PVC 壁纸是在纯纸质基材上涂一层聚氯乙烯膜，采用复合、冲压和印刷工艺制成，具有印刷精美、不透水、经久耐用、易于维护等优点，比纯壁纸稍厚、不柔软。此外，聚氯乙烯材料是化合物（聚合物），只有在原材料和操作过程得到保证的情况下，才可能是环境友好的，否则它们将对室内环境造成一些污染。

4. 和纸壁纸

和纸被称为"纸业之王"。以简单、雅致和耐用著称。研究表明，其颜色和形状几千年都不会改变。目前的产品主要是纸基与复合天然色彩的宣纸混合物。墙纸给人一种清新优雅的感觉，性能和价格相匹配。表面污染后不容易清洗，这是一种非常高档的壁纸。

纸质壁纸具有色彩丰富、纹理丰富、装饰性强、价格低廉、易于建造等优点，深受广大消费者的喜爱。然而，也有缺点，如耐用性差、潮湿、损坏和使用过程中难以清洁。由于在加工过程中使用金属粉末来改善视觉效果，一些为达到标准的产品甚至可能使用重金属，这对使用者的健康构成威胁，因此出现了新型环保装饰壁纸。

新型环保装饰壁纸可分为两类：基本无毒无害型和低毒低排放型。基本无毒无害墙纸，指的是天然的、无或极少有毒、有害物质的壁纸，其加工过程简单，没有污染。低毒低排放型壁纸是指用加工、合成等手段来控制有毒、有害物质的积累和排放，一些业界人士认为，随着人们环境意识的提高，产品标准的门槛也将提高。低水平、低排放的墙纸的结局必将是走向灭亡，只有无毒的天然植物壁纸才是大势所趋。

（二）天然植物壁纸

1. 阻燃型木质壁纸

阻燃型木质壁纸是复合材质，由无纺纸作底层基纸和装饰薄木制成，综合了木材的环境学、外观学的特性，是一种舒适度高的绿色装饰材料，但由于主材料是木制，因此壁纸本身是可燃、易燃的，在某种程度上，安全隐患较大。经过对木材阻燃的研究，李为义等材料学专家研制出阻燃型木质壁纸，在装饰室内空间的基础上达到阻燃抑烟的效果，且其效果优于常用的 PVC 壁纸，大大提升了安全性。

2. 竹丝装饰材料

竹丝装饰的主要材料是竹子，通过横截面、切片、拉丝、编织等工序制作而成，其灵感来源于竹帘。经由工艺的进步和创新，跨界用于墙面装饰，是材料应用领域的新尝试。这种形式不但具有竹子的高密度、良好的物理性能、高强度、高韧性和温湿度控制的环境特性，还保留了竹子本身色泽淡雅、纹理通直的视觉效果，是竹子更高利用价值的重要方向。但由于竹类材料防霉、防火性能差，还需要改进。

3. 织物壁纸

织物壁纸由天然纤维制成，具有致密的结构和附着力，经由印刷、涂层等工艺制成。比较常见的是无纺布壁纸（图 6-2-36）。它的表面用水性油墨印刷，涂上特殊材料，具有吸音、不变形、透气性好、施工方便等优点，被广大年轻消费者所认可。还有天然丝绸、大麻和棉花制成的织物壁纸。壁纸优雅大方，光滑舒适。浸泡后颜色变化不明显，但表面容易积灰，不容易清洗。此外，还有一种由天然植物和树木加工而成的天然材料壁纸，自然简洁，具有隔热、吸音、通风、防潮等功能，归宿性较强。主要缺点是铺贴时接缝明显，细度和平滑度稍差。

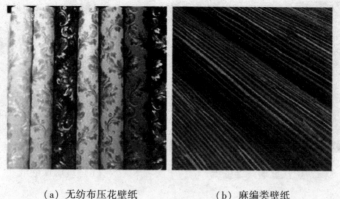

　　（a）无纺布压花壁纸　　　　　　　（b）麻编类壁纸

　　　（c）草编壁纸　　　　　　　（d）芦苇、竹条混编壁纸

图 6-2-36　织物基材壁纸

（三）特殊材质壁纸

　　该类壁纸主要含有玻璃、硅酸盐晶体等无机材料，常见的产品有玻璃珠、云母、蛭石壁纸和中碱玻璃纤维壁纸。玻璃纤维墙纸用耐磨树脂涂抹，颜色鲜艳，耐腐蚀、防潮、耐洗，结构简单，但因为玻璃纤维会刺激皮肤和呼吸道而不受欢迎；硅酸盐类壁纸材料优雅大气，具有三维效果，通常是绝缘的，具有很高的安全系数，深受有婴儿和小孩的家庭的喜爱。值得一提的是，蛭石壁纸具有防火、抗老化、隔热、抗菌、隔音、防霉和防虫等特性，是一种高品质且价格昂贵的壁纸。

　　　　（a）中性玻璃纤维壁纸　　　　　　　　（b）玻璃珠壁纸

　　　　　（c）云母壁纸　　　　　　　　　　　（d）蛭石壁纸

图 6-2-37　特殊材质壁纸

（四）功能性壁纸

　　随着科技的发展和人们生活质量的提高，人们对家居环境和装饰材料的要求越来越高，除了美观和环保外，还需要吸尘、节能等功能。这些壁纸经过添加特定的改性剂来提供这些功能，这些改性剂结合了良好的性能，但是价格更高。

1. 变色壁纸

　　热变色壁纸基于变色印刷材料的原理，即热核壁纸（热敏）、光变色（对光敏感）和湿色（对湿气敏感）的原理，以产生变色效果。这些壁纸在使用过程中会改变颜色，当条件恢复时会恢复到原来的颜色。

　　（1）热变色壁纸。热变色壁纸主要通过添加有色物质产生变色效果，热敏染料（或热敏染料、变色粉等。）是热变色壁纸的主要功能组件。热致变色壁纸的热染料和成膜组分（涂层中的其他组分）具有重要影响，因此在制备热致变色染料时，增强剂、光稳定剂、敏化剂和抗氧化剂等功能是未来研究的方向。

（2）光变色材料最先应用于纺织行业，后来被引用到造纸印刷业领域。近些年来，王建华、车容俊等人将这一技术引入壁纸加工领域，创造出很多种变色壁纸。其光敏效果的质量主要取决于光敏染料的性能。常用的光敏染料是无色的，只能在紫外光下显示。光敏染料的变色机理是光吸收后变色，这种变色可以和普通的有色染料一起完成。

（3）湿变色壁纸。湿敏染料的主要成分是有色钴化合物盐，通常是一种无机涂层，具有实验室中使用的类似硅氧烷的变色机理，当应用时，可通过添加特定添加剂与其他染料混合，以产生不同的颜色变化。

2. 除甲醛壁纸

除甲醛壁纸，甲醛降解的原理主要是通过纳米光催化。壁纸吸收漂浮的甲醛分子后，在纳米光催化剂的影响下发生氧化反应和还原，促进甲醛分子的降解，达到去除甲醛的目的。此外，一些壁纸还添加了竹纤维，通过吸附降低内部甲醛含量。

3. 蓄光壁纸

蓄光壁纸是一种特殊类型的壁纸，它使用能够储存光的天然矿物质，并且在物理变化过程中，吸收一部分光能并将其储存在外部光下。当外面的世界变暗时，它会自然地释放出一部分储存的光，创造出一种夜景效果。这种壁纸中使用的天然矿物质是一种无机酸化合物，由它制成的颜料和油漆具有储存效果，在晚上，当灯关闭时，它会释放出储存的光能，显示出荧光。如果在黑暗中被矿灯照亮，它的发光效果甚至是永久的。这种壁纸产生的效果非常丰富和美丽，能创造出非常强烈和令人震惊的装饰效果。

4. 防尘保温壁纸

防水隔离层是无纺布，保温层是保温隔热的材料，壁纸基层主要是织物或无纺布。在使用时，壁纸贴在墙壁上，静电过滤膜的外部静电滤尘器在通电后能有效地清洁整齐，灰尘等颗粒附着在壁纸表面。此外，景观层还有一层防水隔热层和景观层，该功能可以防止壁纸上的景观层的流体因损坏等因素而被侵蚀。

该防尘壁纸简单，保温效果好，耗能少，环保，保持清洁方便，节约能源，满足人们的需求。

另外，目前市场上有吸音壁纸、抗震壁纸、戒烟壁纸、调温壁纸、低能量壁纸以及阻挡 WiFi 信号等能满足各种需求的壁纸。

（五）壁纸的发展前景与方向

随着科学技术的进步，人们的生活水平逐步提高，内墙装饰材料也受到更多的重视。在挑选何种内墙装饰材料时，应从性能、质地等方面考虑，对其加强特点的认识和把握，并根据其特点展开合理布局，以期获得室内景观的预期效果。同时，注重节能和环境，创造一个美丽、安全、舒适的生活环境。

壁纸的发展也遵循从低级到高级，从单一的装饰性到综合性能，材料将逐步从人工化工材料向新型的自然环保节能材料的规律，不言而喻，将功能性加入天然植物壁纸必然成为未来壁纸行业的主流发展方向。

第七章 现代软装设计中流行元素与传统纹样的应用

第一节 现代软装设计的发展趋势与流行元素的特征

一、流行趋势与室内软装相关概念的分析

（一）室内软装的发展趋势

欧洲是 20 世纪 20 年代出现的软装饰艺术（也称为"现代艺术"或装饰派艺术）的发源地。随着历史的不断进步和社会的不断发展，新技术出现了，在社会审美意识的影响下，公众对事物逐渐有了新的判断，公众越来越渴望回到最原始的社会形态。历经十年的发展和变革，软装在 20 世纪 30 年代蓬勃发展，而第二次世界大战的套装开始衰落。它的再度发展可以追溯到 20 世纪 60 年代末，并再次引起人们的注意。现在可以说，这是一个软装饰时代的市场。

在中国，轻装饰被人们认为是个性化的体现，装饰风格的变化与时代的潮流有关，从小的空间设计到大的空间设计，不同的人有不同的喜好。由于很多设计师追求简约不简单的设计风格，大多数家庭也在关注简单、有趣的装饰。

谈到室内装饰，就可能想到室内设计的风格。室内装饰设计主要有简单的风格、田园风格、混搭的风格、外国欧美设计风格、北欧设计风格或新古典设计风格，突出这些主题主要在于材料、工艺和整体颜色的区分。越来越多的人开始关注装饰的定制化和多样性，不再盲目追求流行的装饰风格，而是将空间、文化、内涵和品位联系起来，形成多维视角，唤醒人

们从感官到灵魂的探索。

百安居、特力屋等国内软装品牌出现在轻装市场，而专业的轻装设计服务公司也在北京、上海和广州等经济较为发达的沿海城市涌现出来。这表明，软装元素将在一定程度上影响软装设计的趋势。

（二）现当代流行趋势的形成与特征

1. 现当代流行趋势的形成

流行的原因是复杂的，流行的表现是习惯和文化的传播，流行不是偶然的现象，它是由人共同推动的。流行趋势反映了公众世界的心理观点，反映了时代的普遍现象。从哲学的角度来看我们自己，我们通常以主观的世界观来看待任何事情，最终我们无法解决自己的问题。这些困惑大多是由周围环境中的错误的概念和不良的风气造成的。新事物的出现通常意味着旧思想、旧事物的消失。一些权威人士会为新事物的出现辩护，让它得到了公众的广泛认可。然而，随着时代的变迁，一些新事物的出现，以前的流行元素将被大众所拒绝。厌倦带来了新的流行趋势。新的流行时尚接踵而至。用户造成的负面影响限制了商品的购买率，使得人们不得不购买新产品。购买产品的群体更多地考虑产品是否能唤起他们的购买欲望。越能满足自己的需求，消费者越感兴趣。

2. 现当代流行趋势的特征

大众化趋势的特点是，面对各种生活压力和公众舆论，人们往往在情感上更加满足于现状。对待消费也更加情绪化，"流行"一词已经成为人们生活中的一个热门话题。流行在我们生活的每一个角落，甚至我们生活的必需品也必须跟上流行的趋势。因此，"流行"这个词在我们的生活中已经被使用了很多次，并且是时尚的同义词。

根据公众的反应，我们得出这样的结论，"流行"满足了公众的需求，并把每个人的想法带到了同一轨道。个体差异和群体差异的流行同时得到满足。流行在过去和现在之间的差异是以个性化划分的。社会上旧思想的消失和新思想的形成都是大众的选择。对于一个阶层来说，流行时尚可以彰显它的社会地位。流行不仅代表着不同的阶层如何炫耀自己的消费水平，也突出了上层和下层阶级的不同特征。例如，上层阶级会放弃下层阶级刚刚触及的东西。接受新事物前后的时间差代表了人与人之间的文化和生活方式的差异。

（三）时尚引导生活

1. 流行趋势对国内生活方式的影响

"流行"一词不仅出现在我们的设计中，而且在与我们日常生活密切相关的领域变得越来越普遍。流行趋势主要受政治、经济、技术、文化和艺术因素以及个人生活观念的影响，这改变了生活方式。许多大型流行机构对流行趋势的研究也是从公众的生活方式进行分析的，这种生活方式在各种生活方式文化、饮食文化甚至是服装、食品和住房的生活方式中略显突出。许多可用于娱乐的生活方式都是建立在良好的物质基础上的。回顾我们生活方式的历史，在社会经济发展不平衡的影响下，中西方社会经济发展的差异产生了很大的不平衡，而民族文化心理和社会意识的发展是通过生活方式的改变，尤其是文化的改变来实现的。

2. 影响中国人生活方式的四大国际风尚

这个时代瞬息万变，社会时尚层出不穷。在世界的影响下，越来越多的人倡导国际化，对国际创意生活产生了浓厚的兴趣。创造力在互联网上非常受欢迎。无论在色彩还是造型上，都能体现设计的个性和青春的洋溢。这种"感观主义"逐渐形成了一种风格。20世纪50年代感观主义兴起，20世纪70年代英国出现的波普艺术可以被看作感官主义的回归。这种风格让人们从视觉到内心都感到满足。它的设计非常新颖，许多追求个性的年轻人都为之着迷。

"装饰艺术"是现代贵族最奢华的风格，也是第二大国际时尚。顾名思义，装饰艺术即一门观赏性的艺术，利用一些装饰元素，让室内空间更加豪华、高贵，更有国际范。艾里·坎是一名装饰艺术建筑师。他有许多杰作，如百老汇大街1410号、斯夸波大厦、大厦花园大街2号大厦等。装饰艺术传入中国后，中国人的生活环境和审美习惯也发生了变化。

古典而优雅的国际时尚是由新帕拉蒂奥提出的，它的设计受到了16世纪意大利著名建筑师帕拉蒂奥的《建筑四书》的影响。帕拉蒂奥时尚适合别墅、复式和大型住宅。它显示了一种严格的古典美。随着时代的不断进步、科学技术的进步和生活方式的不断改变，帕拉蒂奥提出的新时尚必须适用于西方社会，并得到公众的支持和广泛尊重。

国际自然主义时尚是适度放纵的最接近公众的风格。越来越多的人同意自然与人类和平共处。绿色草原、实木房屋和现代城市房屋都是居民居住地的面貌。原始生态的自然表现形式不仅给空气带来了独特的香气，而且还体现了对简单自然的追寻和向往，体现了对获得大自然青草味道的渴望。

（四）两者的相互作用

时尚已经成为公众生活的主旋律，这主要还是因为社会进步和人民的经济水平的提高。流行的工艺品、家具、配饰等一些室内不可避免的家具受到公众的喜爱。当人们回到家，看到布置温馨的气氛，就能立刻消除一整天的疲劳，回到一个私人空间，放松身心。软装饰布置无疑应该符合居民的喜好、习惯和品位，符合居住者社会地位。由于人们的生活水平和社会水平之间的差距，时尚也会给一些人带来一定程度的自卑和负面情绪。黑格尔曾经说过，事物发展的三个环节是：否定、肯定和否定之否定。世界上任何地方都有矛盾。流行趋势对内部软装有很好的正面影响，促进事物的持续发展，同时也有负面影响。积极的作用可以促进生产力发展、政治、经济和文化进步，而消极影响则阻碍社会进步和社会发展。因为矛盾的关系不断重复，我们无法准确判断流行趋势对室内设计是有利还是不利。

没有人能否认流行趋势对软装设计有积极的影响，它可以引导公众的审美视野和改变人们的生活方式。不同的历史时期有不同的流行趋势。因为软装被放置在我们周围，我们的生活就充斥着艺术。这可以追溯到早期氏族社会，他们在仪式中创造图腾，这就是软装的代表。随着时代的变迁，软包装在人类发展史上不断改革和完善，最终形成了一个独立的领域。随着制度和技术的快速发展，人们对内部功能的需求也越来越大，最终变得越来越复杂。随着流行趋势的不断创新，室内装饰也发生了变化，时尚趋势带来了进步，也给社会的管理者带来了一种自我满足感。与此同时，无疑给生活在社会底层的人们带来了心理上的打击。这对世界任何地方都有负面影响。阶级的概念从很早就出现了，人类的生活方式深深植根于每个人的不平等之中。消费水平也导致了人们社会地位的不平等。随着流行趋势的不断更新，软装设计也相应地进行了调整。时尚潮流代表了最流行的时尚元素和符号的最新体验，更新非常迅速和及时，不会持续太久。短暂的停留对软装艺术毫无价值。软装是装饰空间美和给人视觉享受的一种方式。室内软装为整个空间创造了一个愉悦的场所。并不是所有流行的时尚元素和符号都适合任何空间，我们应该结合实际场所来设计。

（五）室内软装流行趋势的获取途径

现在是信息时代，新的信息取代旧的信息，日复一日，年复一年，跟随新的趋势、新的情况和新的发展。为了与时俱进，室内设计师需要与时尚前卫保持密切联系，提高设计师的审美水平和艺术鉴赏能力，广泛吸收信息动态和最流行的社会文化，并进行总结和整理。最新的流行信息可以从软装趋势报告发布会上获取，以及人们的谈论和大多数公众的追求，这可以被当作获取室内软装潮流的途径。

把握每个季节的趋势，让设计的作品成为时尚。在发布会上，设计师经常分享一段时间或某一时段内风靡一时的流行趋势。在一个媒体云集的不断变化的时代，他们所崇拜的最终流行趋势是最能为人接受的。岁月荏苒，有些杰作可以流传几千年，有些会转瞬即逝，也许没有恒久的流行趋势，每一种风格都能风光一时。

二、解读流行趋势之下的室内主题趋势

（一）风格趋势研究

1. 餐饮空间

在日新月异的现代文明中，在飞速发展的今天，人们越来越重视餐饮文化，饮食文化有着 170 多万年历史。中国饮食文化给国家的餐饮业发展带来了巨大的变化，从传统风味到八大菜系，代表着不同地域文化所使用的食材，而饮食的不断创新并不能完全满足人们的心理感受，随之而来的是对饮食环境的需求。

为了满足人们不同的需求，在市场化的前提下，出现了许多不同风格的餐饮空间，如主餐厅、突出区域和民族餐饮空间。它可以基于个人兴趣，以特定环境为中心，以人际关系为主题，以历史问题和文化符号为主题，以名人为主题。最终，食品空间的流行设计主要是由消费者按计划设计的，食品的味道与流行趋势是一致的。这些受欢迎的菜肴将受到大多数美食爱好者的追捧。同时，餐厅的主要设计风格也将成为当时的流行设计。装饰设计通过一些艺术形式迎合了餐饮消费者的心理感受，带来了独特的主题设计。这两个方面的存在会吸引不同美食爱好者的青睐，并增加良好的服务，形成良好的消费行为。

2. 娱乐空间

娱乐空间深受大众喜爱，从古至今，许多官员和贵族都在这类场合实现了身心放松。现在，娱乐空间必须跟上顾客的需求，挖掘新的东西，让

更多的人在工作之外感受到身心放松。一些高端娱乐场所甚至变成了家庭环境。这种氛围就像一个温暖舒适的交流环境。这种环境已经成为一个每周 7 天、每天 24 小时服务的行业。因此，这些行业引入了许多不同的设施，让人们在一个地方娱乐以使心情愉悦。娱乐空间促进了消费群体的扩散，这也是物欲横流的一个不利诱因。随着各种技术的发展和创新，电子视频、音频和视频游戏等新技术应该被引入娱乐空间。随着国家对中国文化的重视，也表明国家保护民族文化的意识大大增强。随着时代的发展，我们可以在娱乐空间引入一些具有中国文化元素的装饰品，增加文化魅力，提高消费者素质，甚至摆放一些工艺品，赋予空间生命。

可以说，大部分娱乐空间的风格趋势是在大众的普遍需求和国家进步的方向。

3. 办公空间

如今，随着求职者在不同公司投下简历，办公环境也成为求职者的关注点。随着每家公司业绩的提高，许多高管也会对他们的办公环境做出合理的改进。追求生态化和人性化的变化，办公环境的智能化调整，办公生活与空间的一体化，导致了办公空间的不断变化。

为了人们的健康，办公环境提倡使用环保的设计风格，使人们可以在工作场所呼吸新鲜空气。添置小的室内景观小品，让人处在一个生态的室外环境中，增强思维活动的同时提高工作效率。

虚拟空间通过电子设备（如笔记本电脑）将人们的感觉聚集在一起，节省了时间和精力，而笔记本电脑可以随时用于工作。这创建了一个虚拟的办公室场景。5G 网络正逐渐被大众所使用，这是一个智能化时代。在宽敞的办公室里，未来的办公趋于一体化，而一体机的使用随处可见，还有一些设备如打印机、传真机等将逐渐从公众视野中消失。

4. 展示空间

许多学科涉及的展示项目涉及很广，给人强烈的视觉冲击和更直观的心理感受。这包括设计师的创意和规划，通过现代技术实现展示艺术形式的多样化、更大的灵活性，向公众传播信息，以及更具当代性的展示设计。显示设计风格的发展离不开虚拟电子的加入。虚拟显示器设计提供身临其境的体验。展示设计风格的发展将以互联网上的信息为导向，展览的形状和氛围将得到深入研究，重点将放在视觉造型和情景化上，突出品牌形象。

展示设计不仅要展示品牌，更要关注当时观众与环境的关系。例如，如果想达到梦幻般的境界，可以用简单的风格，用透明材质和灯光的组合来呈现想要的感觉。

最后，我们未来的发展离不开与环境的关系。环境是我们生活的家园的寄托。新技术和新材料将被引入展示设计。未来的发展趋势是寻求生态环境保护，这需要整合电子信息技术。历史证明，一个好的展示设计具有不同的功能，能够反映国家的繁荣和时代的进步。时代特征给会展业发展指明方向。科学、技术、文化和经济水平的共同发展可以促进社会进步，展览设计将成为各种元素的组合艺术形式。

（二）色彩趋势研究

1. 餐饮空间

室内空间有多种风格，每种风格的色彩都不同，风格中的色彩组合会有不同的色彩效果。建立一个彩色空间，并通过选择颜色将空间分成不同的显示效果。通过色彩和渲染的氛围，渲染效果对氛围的影响在餐饮设计中尤为重要，色彩的综合运用可以使一个大面积的开放式餐厅看起来明亮而稳定。在餐厅里，美丽的颜色可以用来突出整个用餐环境的气氛。在大多数人的眼里，人与人之间有 0.618 米的距离，是最完美的距离，无论是屏风还是隔板，客人都能感受到自己的私人空间，享受真正的用餐放松心理。在餐饮设计方案中，可以用合理的颜色将其划分为适合个人的安全环境。也可以根据公众对颜色的心理反应，通过冷色调和暖色调来划分私人空间，正确使用餐厅的暖色调，让用餐者有宾至如归的感觉，增加人们的食欲。

2. 娱乐空间

娱乐空间的主要软装饰要素是色彩。多彩的设计在娱乐空间里最有发言权。色彩是娱乐空间中最霸道的无形语言和独特的象征。颜色是每个人的不同感受。在娱乐空间娱乐的环境中，每个人都保持着不同的心情。因此，对娱乐空间色彩的控制应该满足人们的心理，并根据公众的需求来运用色彩。一般淡黄色可以给人减压，可以让人感到温暖。娱乐空间可以根据不同的文化采用不同的颜色，也可以将不同的颜色搭配在一起。例如，一些高端俱乐部，它们将多种不同的颜色叠加在一起。这些颜色给人一种强烈的视觉感受，但有时也给人一种强烈的矛盾心理。相反，一些高调的娱乐色彩会吸引追求时尚和热爱特殊艺术感受的人光顾。不同的娱乐场所根据不同的消费水平设计不同的颜色。豪华娱乐场所的配色应该与众不同，让顾客有一种荣誉感。

3. 办公空间

办公场所的色彩应该协调统一。一些好的办公空间应该是有创意的。在办公空间，颜色不如娱乐空间丰富多彩。低调的颜色被公众所接受。大多数办公空间应该以主色调为主。暖色、冷色和气氛的变化都反映在主色上。在天花板、墙壁、地板和家具展示上，它们都应与主色调相配。开放的办公环境有助于人员的沟通，使办公更透明。通过适当的办公设计使员工有归属感和舒适感，可以显著提高工作效率。

4. 展示空间

展览空间由不同的元素组成，首先应综合考虑展品的颜色、道具的颜色、周围展示环境的颜色和展示灯光字体的颜色。展览空间由三部分组成，即天花板、墙壁和地板。它们的颜色主导了整个展览空间的主题颜色。其次考虑设计展示作品的色彩，物体的色彩也是设计需要突出的主体。为突出作品颜色，需要用一些其他的颜色来凸显作品的与众不同，彰显作品颜色的魅力。展示道具也有其自身的颜色，它的颜色理应成为作品颜色的一部分。只要道具的颜色大量出现，就必须与作品统一为一个整体。

最后需要考虑的是展示光源的颜色，这可以加深客户对展示物品的印象，并且还显示空间环境的整体氛围。展示空间的颜色必须协调统一，不能削弱物品本身的特性。色彩在展示设计中有四个特征：色彩需要和谐、色彩要丰富、展品个性特征要突出、情感特征要凸显。展示设计的摆放也要符合艺术审美特征，应极大地满足顾客的视觉满意度，设计时采用独特的新颜色或一些对比色，但避免降低其真正的功能属性。颜色的使用应该吸引很多顾客的目光，让设计充满动感，并且将想要展示的物品戏剧性地表达出来，这样每个人都可以在一个放松的环境中购物，选择适合自己的物品。

（三）材质趋势研究

在餐饮空间中，材质的使用是最重要的，不同的材质组合也会营造出一种很有特色的，极具艺术感并且很有个性的餐饮空间。不同的材质肌理表达出的餐饮空间效果也是大相径庭的。材质的差异性也常常被人们所使用，当光照射到材质上时，材质的表面上会受到不同程度的影响，当光线照射到透明的材质上时，材质会变得柔和一些；当光线照射到金属上时，材质会受到光的反射而变得光滑，明暗上的对比很强烈；然而磨砂材质等不光滑的材质，通过光线的照射会变得柔和，让人感到质朴、大方。

空间中每种材料的纹理和质地都是不同的。在就餐环境中，不同材料的使用将代表空间中的一种语言，并表达不同的食物味道。每一种材料也表达了不同历史时期的氛围，就好像被带进了时间和空间的隧道，偶尔怀念往事。有时与现实联系在一起。木质材料越来越受欢迎，因为它是一种环保且廉价的装饰材料。使用石头、砖块、垫子、棉麻作为材料会产生非常强烈的对比。它将产生一个自然而优雅的就餐环境和众多的艺术设计。

三、各流派对室内流行软装的影响及案例分析

时至今日，人们从生活状况中感受到，与改革开放前的六七十年代相比，如同一个人从黑夜走向黎明，人们的精神面貌发生了变化，心理发生了变化，思维也发生了变化。这些变化给人们带来了对生活的美好追求和渴望。我们平日看到的房子的内部装饰以及开展娱乐活动等就是一种明显的表现。这些地点的装饰得到认可、追随，促进了室内软装的变化和发展。

1. 波普艺术对室内流行软装的影响及案例分析

波普艺术是软装趋势的另一个驱动力。"波普"是一个辉煌的时尚时期，在 20 世纪 60 年代达到顶峰。波普艺术也被称为"流行艺术"或"通俗艺术"，是后现代主义的代表和当代最有影响力的代表。这种文化和精神享受的风格被广泛应用于柔软的内部服装的设计中，形成了一种引领当前潮流的风格。

波普艺术可以称为躁动的艺术形式。这种艺术不遵循基于规则的艺术形式。它打破了日常紧张和压抑的原始艺术形式，给享乐主义带来了新的篇章。波普艺术的装饰很容易辨认，因为它的实现方式张力十足。各种各样的装饰和图案可以让现代年轻人惊叹不已。流行风格的运用应满足这一时期室内设计的需要，并将民间艺术元素融入室内装饰。家具中引用了流行元素，但这只是暂时的，只是在当时流行。因此，对于波普艺术来说，在现代住宅的装饰中，我们不仅要把它融为一体，还要把它与实践相结合，而不是与单一的设计相结合。如图 7-1-1 所示，这是波普艺术的应用。图中的波普艺术打破了传统的功能概念，在装饰产品上，使用大胆的颜色和造型。它还展示了一种不同于功能关注的设计。

图 7-1-1　波普艺术风格揉进室内软装

（图片来源：新浪博客网）

从另一个角度来看，波普艺术也应该适合不同行业和不同个性的人。例如，从事艺术的人，从事专业技术的人，以及政府官员。在决定软装样式之前需要与业主沟通（图 7-1-2）。

图 7-1-2　波普艺术风格丰富了室内软装

（图片来源：和家网）

2. 极简主义对室内流行软装的影响及案例分析

极简主义给室内设计的发展带来了多样化和简约化，丰富了设计师心目中的软装概念。

极简主义可以被简化到极致。这是一种可以用肉眼看到的设计风格，刺激视觉细胞，使人们更容易记住它。

西方艺术提倡统一和简单的设计。现实生活中对艺术的探索只有一个，那就是统一的概念。我们坚持统一思想的原因是因为我们有一个共同的模式。在消费者中，寻找不同的设计风格是极简主义最重要的部分。

极简主义注重设计和技术的统一，艺术和技术的结合，功能、技术和经济效益的结合。充分利用室内照明和通风，根据空间的用途、性质和相互关系，合理组织空间，根据人体生理需求和人体大小，确定最小空间利用方式。

简约与艺术，自然回归，都在一个风格中，如图 7-1-3 所示。

图 7-1-3　极简主义设计体现室内软装的简朴、自然

（图片来源：新浪博客）

极简主义通过开放的市场、良好的照明、简单的陈列使室内环境更为舒适。在装饰方面，注意去除复杂性，保持原貌，天花板、地板和墙壁都没有装饰纹样和图案，只有线条和块状的颜色有所区别和点缀，使用功能很强；在家具装饰和摆放中，它很少用雕塑、装饰品等。简单、直接、实用、贴近自然，如图 7-1-4 所示；就结构而言，它有点偏向于现代的表现，大面积的采光玻璃和钢结构暴露在室外，总体上简单实用；在材料方面，注重原始质感，体现绿色、环保和可持续性。

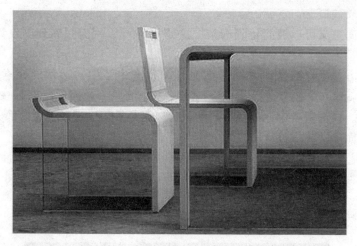

图 7-1-4　极简主义时尚桌椅简洁、艺术

（图片来源：新浪博客）

3. 后现代主义对室内流行软装的影响及案例分析

后现代主义的发展无疑影响了软装饰设计趋势。在 20 世纪 90 年代中期，这一设计思想在家居设计方面被广泛运用，并且随着这一趋势，设计思路被瞬间打开，得到了一个大解放。人们开始跟随时代的脚步，这种设计的设计风格和后现代主义风格受到了极大的赞赏。这也导致了现代设计和后现代的发展，并逐渐形成了一个体系。后现代主义不是一种有纪律的设计，但它打破了生活的原始界限，让人们理解艺术，关注现实的设计。

后现代风格是众多设计风格之一。后现代主义早已不是一种设计风格，而是出现在一组诗中，西班牙作家德·奥尼斯是其作者。它描述了一种心态，一种反动的心态。这时，后现代主义出现了。现在它被称为设计中的后现代主义。后现代主义有几种含义，也可以用不确定性来定义。后现代主义具有多样性和复杂性。

美国建筑师 R. 文丘里是最有影响力的。他的作品《建筑的矛盾和复杂性》否定了现代主义的倾向。他提倡一种复杂而有活力的建筑，包括许多历史和地方语言，他否认现代主义的装饰设计，否认当地人通常的设计，否认寓言设计，否认独特的设计。这种包容性的设计赋予后现代设计多种风格。一种更叛逆的风格形成了，规律性大大降低。后现代设计已经在年轻一代中广泛使用。犬儒主义和不服从的性格打破某些规则的设计。后现代主义风格充满了有趣和历史的结合，也被称为"折中主义"风格。

后现代主义设计的设计风格打破了原有的现代主义艺术风格，在现代主义设计的基础上进行丰富和装饰，体现了新时代室内设计的特点。后现代主义设计还引入了现代主义的装饰和语境，打破了现代主义的单一风格，向多元化方向发展。图 7-1-5、图 7-1-6 和图 7-1-7 是后现代装饰艺术图。

图 7-1-5　后现代主义装饰风格，阳光、明亮

（图片来源：360 网）

图 7-1-6　后现代主义室内软装（一）

（图片来源：张誉升创作）

图 7-1-7　后现代主义室内软装（二）

（图片来源：张誉升创作）

关于后现代主义设计，我们从它的兼收并蓄到设计得体的风格中要注意到：

首先，后现代主义设计风格有一点是不可否认的，那就是它的流行价值很高，对于追随时尚潮流的年轻人来说是一种很好的选择。然而，与此同时，后现代主义设计也是一种装饰与功能完美结合的设计，其齐备的功能和空间布局深受人们的欣赏。与现代主义风格相比，它更大胆，也更完善了现代设计风格，在形式功能和美感上更值得大众欣赏。这种后现代主义趋势导致了后现代主义设计的发展。

其次，后现代主义风格是一种传统意义上的批判，并趋于非理性。现在我们国家越来越重视历史和文化的学习，这使后现代主义风格成为另类。但是设计必须是创新的，这样它才不会被传统的逻辑思想所束缚，探索新的设计思想，新的设计理念，同时不要失去人的感觉，这样它就可以在室内装饰中被应用采纳，应用组合、重叠、错位和象征的手法，将传统文化和非传统文化交融、拆分、重组，这样后现代主义风格就可以发展。

第二节　中国传统纹样在现代软装设计中的运用

一、传统纹样在现代室内软装设计中的应用

（一）传统纹样在现代室内软装设计中的运用手法

1. 对传统纹样的直接运用

中国五千年的文化历史留下了许多珍贵的财富，其中许多美丽的艺术结晶是无法企及的。同样，中国古代传统图案也有多种形式，有些可以满足现代人的审美要求，直接应用于现代室内套装，体现古典美的艺术氛围。如清代宫廷建筑中常用的六瓣梅花形纹样装饰，可以分解成静态的几何图案之美，而复合意象图案则具有动态的内涵，象征着权力和天地融合。这是皇宫入口窗户上常见的装饰。现在它也经常被用来作隔断屏风，具有丰富的变化和吉祥的含义，这是非常有代表性的。

在图7-2-1中，吴宗宪设计的富春山居将富春山居图与剩山图融合在一起，反映了主人的乡土情怀，旁边的屏风增加了房间的层次感，呈现出泼墨山水的风格特点，直接反映了中国传统文化，将绘画运用到空间，充分展示了中国艺术。

图 7-2-1　吴宗宪设计的富春山居

2. 对传统纹样的元素提取

　　随着时代潮流的变化，一些传统中国古代图案的使用也发生了变化。根据室内装饰的不同要求，提取出具有传统图案个性特征的元素，这里的提取不仅是对形状的提取，也是对其意义的提取。在古代，中国强调传统与现实相结合的设计理念，而老子的大象无形到计黑当白，都体现在室内装饰中，所以现代室内设计也应该巧妙地利用这一点，创造出一种形式与文化相统一的空间氛围。

　　图 7-2-2 是金牛万达食彩云南料理餐厅，在墙壁上开了个圆形的门洞，创造了一个曲径通幽的景观布局。这正是对中国传统的"方中有圆，圆中有方"概念的集中体现，提取元素中的"方"和"圆"并反复使用，使空间更加错落有致，蓝色的玻璃像湖水一样轻盈，映在桌子上，使内部空间显得生动多变，带有独特的云南图腾图案，极具地域风情。

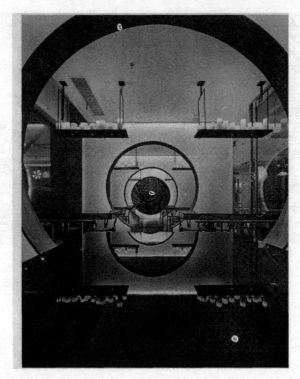

图 7-2-2　金牛万达食彩云南料理餐厅

3. 对传统纹样的变形与重构

这里提到的变形和夸张并不是完全否定，而是通过其他的改变让传统纹样与现代风格更搭，装饰效果更好。简单、归纳、夸张和抽象的变化通常被用来加强节奏感和影响力。随着装饰元素的发展，传统图案可以被改造和重组，复杂的原始图案可以被简化和夸张，魅力得以保持，保持了原始文化和时尚感，更便于装饰。

图 7-2-3 是西溪花园新中式样板房的室内设计。墙上的装饰画运用抽象和夸张的表现手法进行变形和重构，将传统水墨画的装饰意味以油画的形式呈现出来，在不丧失时尚感的前提下紧扣传统文化的精髓。家具设计的颜色主要是黑色和白色，使得整个房间的环境像国画一样。

图 7-2-3　西溪花园新中式样板房室内设计

　　中国传统室内装饰在现代室内设计中仍然发挥着重要作用。它的独特性在于其直接的表达性质，并具有深厚的民族情结，无论是直接用于传统家具、装饰性家居工艺品还是提取传统图案，都是处理室内设计的一种有效方法，使传统文化元素在室内设计中独树一帜。

（二）传统纹样在现代室内软装中的具体表现

1. 传统纹样在家具中的表现

　　传统纹样图案被用来装饰现代室内空间，在装饰造型上去繁就简。在传承传统古老家具魅力的基础上，造型和合理的装饰既能满足现代人的审美要求，又能体现历史记忆的共鸣。随着传统工艺的发展，机械化取代了手工劳动，可以用彩绘、镶嵌和雕刻印花为家具的艺术表现增添美感。

　　例如，玄关处的设计，背景是以传统的菱形图案加以改造，与镶有花卉图案的木制橱柜相呼应，看起来精致华丽，入口给人一种眼前有光的感觉，上方的灯使用了中国传统的纹样作点缀，代表着五福临门。

2. 传统纹样在墙面中的表现

　　传统图案用在墙上的各种形状上，可以用不同的装饰来表现。这些悬挂物可以有各种各样的内容，任何传统图案都可以用这种装饰来表现，这也是最容易体现中国特色的，在室内软装饰设计中有很大的潜力。在中国古代，有一句谚语叫作"坐巧高堂，巧尽泉壑"。在生活环境方面，书画作品的摆放增强了文化氛围，提高了艺术修养，更好地传递了民族文化氛围。

（三）传统纹样在室内陈设品中的表现

软装设计中装饰的分类样式有很多，比如陶瓷、装饰织物、灯具、花卉布置等。应该注意的是，装饰品应该与室内环境的整体风格相一致，让人们在客厅环境中感到轻松愉快。

陶瓷产品在传统风格室内装饰中起着重要的作用，具有独特的形式美感和优雅的质感，自古以来就具有满足人们需求的审美价值和实用形式。

软装饰可以最大限度地提高室内的质量要求和氛围，作为中国最美丽的瑰宝之一的面料，无论是闻名中外的丝绸，还是刺绣杰作，只要装饰得当，都可以成为优秀的造型艺术，运用好它们各自的装饰纹样，就可以适应不同风格的室内空间，表现出华丽、清新等不同风格。在现代封闭空间中使用中国传统图案装饰的软装织物，其标志性的装饰语言通常显示出更具张力的装饰效果。

图7-2-4展示了中豪四季馆柔和的室内设计，床头灯用云纹作装饰，和同一个系列的抱枕搭配，刚柔结合，使室内空间简洁古朴而有意境。

图 7-2-4　中豪四季公馆

二、传统纹样在未来室内软装设计中的探索与创新

（一）与低碳环保相结合的现代软装设计理念

在当今钢筋混凝土的空间结构当中，室内软装对传统文化的需求更加显著，特别是对中国传统纹样的借鉴与引用，不仅简单地沿用，还是对其装饰元素的吸收。用后现代手法将传统纹样融入软装饰中。材料同样是室内设计的重要一环。当今社会不依赖于某一种材料，新材料的发现和应用使装饰方式更具选择性。绿色、环保的设计理念迎来越来越多的人的认可。运用新材料，打造古典氛围，把握传统纹样的精髓，对现代软装设计起了积极作用，也给当代设计师提出了一个新的挑战。

软件设计行业已经从混乱盲目发展到合理规范，进入了低碳环保节能的时代。捍卫文化和拒绝奢华的理念逐渐得到认可和尊重。近年来，随着环境持续恶化，环境保护的理念受到公众的关注。低碳生活的概念越来越被现代人所认可。天然材料和废弃材料可以用作现代内部包装的原材料。道家捍卫"道法自然"，其在现代室内设计中的应用是将生态设计理念应用于室内环境，注重装饰环境保护，避免室内环境污染，寻求艺术装饰与室内环境的完美结合。

中国传统文化信奉节俭和自然，五千年的文化历史和文化内涵渗透到了所有中国人的血液当中，如何将传统模式与低碳环保的现代理念相结合，成为当代人对软装设计的一个重要要求。例如，当改造旧东西时，既可以保留一些原始的细节，也可以加入美学和个人设计，使之成为新的艺术品，达到回收的效果。

背景墙装饰采用植物，并充分考虑植物所处的空间环境要求。根据当代绿色主题，不同植物的不同纹理模型以不同的插入形式种植，呈现不同的装饰效果，给人一种清新的视觉体验，具有装饰效果和改善内部环境的作用。我们可以使用不同的植物，创造不同的模式，并结合传统文化元素，创造一个现代室内环境。

（二）多元文化的软装设计理念

不同民族之间的交流可以促进多元文化繁荣，改革开放以来，中国与其他国家之间的关系不仅限于经济交流，还有文化上的交流。今天，政治和经济一体化，不同文化之间的交流碰撞，没有人和哪个国家可以不受到

外来文化的影响，闭关锁国不仅不会进步，还会导致倒退。虽然不同的文化有其独特的魅力，但我们现在处于同一个发展时代，有共同的时代性特征。东西方文化交流在我们这个时代经常被讨论。从圆明园吸收各国园林景观到现在中国绘画与西方绘画方法的巧妙结合，甚至我们的生活方式都正在发生着潜移默化的变化，中国传统文化必须吸收各种文化来整合自身，从而促进现代室内设计迸发新鲜生命力。

将中国传统图案融入现代室内设计和多元文化的吸收中，我们现在所推崇的新中式风格就是这种"混搭"产物，但在"度"的把握方面，我们必须取其精华，去其糟粕，以实现室内空间的和谐统一。

图 7-2-5 为苏州花间堂探花府酒店，以"潘家古宅"为基础设计，其建筑结构严格按照旧建筑的构造，采用传统的施工工艺进行修复。但内部设计采用了大胆的颜色，新旧风格相结合。明亮的黄色皮质椅子与周围的木质结构形成强烈对比，展现出传统而充满活力的美感。

图 7-2-5　苏州花间堂探花府酒店

（三）智能主题的软装设计理念

创新是对这个时代设计师的要求。随着科学技术的发展，原本不可能的事情已经变成了可能。艺术装饰与技术相结合的智能主题已经成为室内装饰设计的新方向。智能为现代生活提供了一种新的生活方式，使软装具有新的形象和功能特征。同时，新材料的使用也为软装提供了新的表现形式。智能与人性化相结合，充分考虑人的需求和感受，使室内环境的设计具有当代性和文艺气息。

　　图7-2-6是上海璟丽酒店。酒店的室内设计将中国文化元素与现代先进技术完美结合。上海灰砖是室内装饰的重要材料之一，应用于室内装饰设计，表达不同材料带来的不同质感，给人一种清晰明亮的感觉。地板砖的使用材料与北京紫禁城修复工程提供的地砖装饰材料一样，细节更加精致，用料可以称得上是经典，被广泛运用于龙麟纹木雕屏风和铸铜洗脸台上，反映了文化对室内空间的装饰作用。酒店标志有独特的原始方向（图7-2-6）。它借用了"凤凰栖梧桐"的美丽比喻，凤凰不仅是尊严的象征，还希望所有来这里的顾客都能有宾至如归的感觉。

图7-2-6　璟丽酒店的标识设计

　　酒店使用太阳能面板的巧妙设计理念可以节省一些能源。外墙设计中保温节能材料的使用与中央智能温度控制相结合，使室内环境更加舒适。另外，磨砂玻璃和防噪音玻璃幕墙的使用防止了噪音污染，为室内空间提供了舒适的环境。值得一提的是，在泳池区使用热空气回收节能系统不仅节约了资源，还保护了环境。此外，为了增加酒店的人性化服务，房间使用自动遮阳窗帘，并根据季节设置进行调节，夏季窗帘自动关闭，以保持内部隔热和保持室内凉爽；冬天，利用自然光提高室内温度，达到节约能源环保的效果。

　　包豪斯大师格罗皮乌斯曾说过："真正的传统是不断进步的产物，它的本质是动的，而不是静的，传统必须推动人的进步。"现代室内设计是现代中国设计的重要组成部分。它必须以民族文化为基础。与中国传统标准的结合不仅仅是一种古老的重复，而是展示中国文化的内涵，引领当代设计的潮流。中国传统纹样是中国传统文化的重要代表之一。它起到了沟通者的作用，阐述了对传统视觉语言的理解，重建带有中国视觉风格的设计，是对现代室内设计和中国文化产业的重要贡献。

延续中国五千年历史的真正使命不仅仅是遗传谱系，更包括悠久的文化。只有中国人民对自己民族文化的钦佩和认同，才能形成高度的民族凝聚力，增强中国的综合国力。中国传统的传承和发展在物质文化和精神文化上高度统一，不仅为现代室内软装设计提供了有价值的装饰特征，也为整个设计行业提供了有价值的装饰特征。在当今世界，多民族文化之间的交流日益密切。如何用丰富的情感需求来表达室内空间是当代设计师的一大考验。它需要一代又一代从业者的不断探索，需要对传统元素进行多视角、多层次的思考和分析。中国传统图案在室内软装饰设计中的应用和创新具有重大的现实意义。

参考文献

[1] 陆震纬, 来增祥. 室内设计原理 [M]. 北京: 中国建筑工业出版社, 1996.

[2] 霍维国, 霍光. 室内设计教程 [M]. 北京: 机械工业出版社, 2007.

[3] 朱广宇. 中国传统建筑室内装饰艺术 [M]. 北京: 机械工业出版社, 2010.

[4] 马澜. 室内设计 [M]. 北京: 清华大学出版社, 2012.

[5] 尹定邦. 设计学概论 [M]. 长沙: 湖南科学技术出版社, 2001.

[6] 菲莉丝·斯隆·艾伦, 琳恩 M. 琼斯, 米丽亚姆·F 斯廷普森. 室内设计概论 [M]. 胡剑虹, 译. 北京: 中国林业出版社, 2010.

[7] (美) 露西·马丁. 室内设计师专用灯光设计手册 [M]. 上海: 人民美术出版社, 2012.

[8] (美) 史坦利·亚伯克隆比. 室内设计哲学 [M]. 赵梦琳, 译. 天津: 天津大学出版社, 2009.

[9] (美) 约翰·派尔. 世界室内设计史 [M]. 刘先觉, 陈宇琳, 译. 北京: 中国建筑工业出版社, 2007.

[10] (美) 伊莱恩·格里芬. 设计准则: 成为自己的室内设计师 [M]. 张加楠, 译. 济南: 山东画报出版社, 2011.

[11] (美) 托马斯·威廉. 最设计·大美: 室内设计资源书 [M]. 宋逸伦, 译. 济南: 山东画报出版社. 2013.

[12] (美) 格雷姆·布鲁克, 萨莉·斯通. 什么是室内设计? [M]. 曹帅, 译. 北京: 中国青年出版社, 2011.

[13] (英) 西蒙·多兹沃思. 室内设计基础 [M]. 姚健, 译. 北京: 中国建筑工业出版社, 2011.

[14] (英) 珍妮·吉布斯. 室内设计教程 [M]. 吴训路, 译. 北京: 电子工业出版社, 2011.

[15] (美) 唐纳德·A. 诺曼. 设计心理学 [M]. 梅琼, 译. 北京: 中信出版社, 2010.

[16] (日) 伊达千代. 色彩设计的原理 [M]. 悦知文化, 译. 北京: 中信

出版社，2011.

[17] （日）原研哉. 设计中的设计［M］. 朱锷，译. 济南：山东人民出版社，2006.

[18] 霍维国，霍光. 中国室内设计史［M］. 北京：中国建筑工业出版社，2007.

[19] 常怀生. 环境心理学与室内设计［M］. 北京：中国建筑工业出版社，2003.

[20] （美）玛利·C米勒. 室内设计色彩概论［M］. 杨敏燕，党红侠，译. 上海：人民美术出版社，2011.

[21] （美）大卫·肯特·巴拉斯特. 室内细节设计：从概念到建造［M］. 陈江宁，译. 北京：电子工业出版社，2013.

[22] （美）莫林·米顿. 室内设计视觉表现［M］. 陆美辰，译. 上海：人民美术出版社，2013.

[23] 李芬，陈港. 壁纸的生产工艺特性及应用［J］. 上海造纸，2008（2）：41-47.

[24] 许多姿. 新中式室内设计风格研究［D］. 中南林业科技大学，2013.

[25] 李阳. 论软装设计在室内设计中的应用研究［D］. 西北大学，2013.

[26] 乔铭琪. 建筑艺术的流动空间［J］. 西江文艺，2015（10）：72.

[27] 乔艳琪. 浅析色彩对艺术设计的作用［J］. 西江文艺，2015（11）：156.

[28] 倪瑜. 创意软装饰在家居设计中的应用研究［D］. 华东理工大学，2013.

[29] 陈超. 关于日本餐饮空间设计要素的探讨［J］. 艺术教育，2010（9）：46.

[30] 王丹丹. 日式餐饮空间的风格研究［D］. 南京：南京林业大学，2011.

[31] 乔艳琪. 艺术设计管理［J］. 西江文艺，2015（11）：162.

[32] 王委. 室内设计中软装的独特魅力. 现代装饰理论［J］. 2015.（1）：31.

[33] 乔艳琪. 简述新媒体艺术相对传统艺术的优势［J］. 西江文艺，2015（10）：264.

[34] 林燕芳. 室内绿化之恢复性知觉与复愈效益研究［J］. 宁德师范学院学报（自然科学版），2019，31（1）：57-65.

[35] 乔艳琪. 论公共艺术与城市公共空间的关系［J］. 西江文艺，2016（9）：53.

［36］张晓燕. 插花在室内绿化装饰中的应用［J］. 农业科技与信息，2019
（6）：51-53.

［37］唐卉. 构筑生态环境——室内立体绿化景观设计研究［J］. 建材与装
饰，2018（21）：53-54.